コシノヒロコ × コシノジュンコ × コシノミチコ

コシノ三姉妹

向こう岸、見ているだけでは渡れない

論新社

目次

II コシノジュンコ＝〝勝負服〟で人生にプラスをもたらす

III

コシノミチコ――世の中にないものを作り続ける

コシノ三姉妹　向こう岸、見ているだけでは渡れない

KOSHINO SISTERS'
SPECIAL TALK

「年齢は数字にすぎない」

三姉妹トーク

仕事も生活も三者三様

ヒロコ ミッちゃんと会うのは、3月のお母ちゃんの慰霊祭以来よね？

ミチコ そうやね。母の命日と岸和田だんじり祭の2回、毎年必ず帰国するから。

ジュンコ ミッちゃんがロンドンに渡ったのは、1973年？

ミチコ 30歳のときだから、50年たつんかー。まったく気にしてへんかったけど。

ヒロコ 私だってデザイナーになって60年以上だもの。あっという間だったわね。

ミチコ ファッションの世界は、春夏、秋冬と新作を発表して、それが毎年続くやろ。だから、歩みを止めたら終わりやん。大変やけど、目の前のことに精いっぱい取り組んで、楽しんでいたら、気づけば何十年もたっていた。

ジュンコ 私は、年数を意識しない。若い人と仕事しているし、自分の年齢も一切考えないわ。

ミチコ 私も。イギリスでは、年齢を聞かれることがまったくないしね。私のブランドのコンセプトも変わらへんし、年をとったからといって感覚が変わる

ジュンコ ということも絶対にない。

ヒロコ そうね。年齢を意識したら、そこで止まってしまう。

年齢は単なる数字だからね。でも、３人とも今も現役で、それぞれにブランドを立ち上げて、ここまでよくやってきたと思う。一つのことを長く続けるって、普通はなかなかできないものよ。自分を褒めてあげたい気分。

ジュンコ 私たちは岸和田の商店街で洋装店を営むお母ちゃんの背中を見て育っているから、女性もずっと働くのが当然だと思っていたでしょ。

ヒロコ いわゆる〝良妻賢母〟になれという教育は、受けてこなかったわね。

ジュンコ 「なにになりなさい」とも一切言われなかった。どんな仕事に就いてもよかったんだけどね。

ヒロコ 盆暮れなく働く母の姿を見ていたから、ファッションの仕事に特に憧れなんてなかったのに……。

ミチコ 私も、デザイナーになるとは思わんかった。（笑）

ジュンコ そういえば私たち、お母ちゃんをモデルにしたＮＨＫの連続テレビ小説

『カーネーション』が放映されて以降、〝三姉妹〟でくくられることが増えたじゃない？　私、それにはちょっと抵抗感がある。ずっと三者三様でやってきて、一人ずつ立っているのに。ユニットの3分の1なんかじゃない。

ヒロコ　自分は自分、だものね。

ジュンコ　そう。デザインの方向性も生活スタイルも性格も違う。お互いに連絡もほとんどしないから、「生きてる？」っていうくらいの距離感よね。

ミチコ　LINEでたまにやりとりするくらいやな。

ヒロコ　生活の拠点もバラバラ。私は自宅がある兵庫の芦屋《あしや》と仕事場の東京を、週に数回飛行機に乗って行ったり来たりする生活を40年続けている。それで耳が悪くなってしまったけれど、どんなに忙しくても、私にとっては大切な習慣なの。自然が息づく芦屋の家に身を置くことで元気になれるから。

ジュンコ　私、そんなんできないわ。仕事でパリに滞在した以外は、ずっと東京。仕事場の近くに、私と夫、息子夫婦、孫3人の7人暮らし。夫と息子とは一緒に仕事をしていて、家族7人で毎週教会に通っているの。

ヒロコ 意外よね。ある意味、ジュンコが一番家庭的かも。

ミチコ 私はロンドンでひとり暮らしやし。

ジュンコ ミチコ、なんでも全部ひとりでやってんの、偉いわ。

子どもの頃は取っ組み合いも

ヒロコ 小さい頃、お母ちゃんが仕事で忙しかったから、私は祖父母に預けられていたでしょ。祖父は初孫の私を溺愛して、歌舞伎や文楽に連れて行ってくれて。創作の源泉は、この頃に培われたのだと思う。

ジュンコ 私はすごくヤンチャで、お母ちゃんも手を焼いていたほど。

ヒロコ そうよ。祖父が亡くなって7歳で家に戻ったら、激しい妹がいるもんだから、ひ弱な私も強くなったわよ。（笑）

ミチコ 私は激しくないけど、（ジュンコさんを指さして）この人は激しいな。

ジュンコ ようケンカしたね。お姉ちゃんは口が達者やから、私はバシッとお腹を蹴って、取っ組み合いになる。（笑）

ヒロコ ジュンコとは2歳違いだからお互い対抗心があったけど、ミチコは私の6歳下でしょ。もう可愛くて仕方なかった。みんなに自慢したくて、赤ちゃんのミチコを小学校に連れて行って、机に座らせてね。

ミチコ よう、やるよな。

ジュンコ それ、本当なの？　びっくりするわ。でもお母ちゃん、私たちのやることを止めたことないもんな。

ヒロコ 一度だけ、絵描きを目指していた高校時代に「貧乏画家にはならんといて！」って美大行きを反対されたことはあったけど。

ジュンコ でも、そのおかげでデザイナーの道が開けたじゃない。

ヒロコ そうね。イラストで洋服のデザインを紹介する「スタイル画」に出合い、絵の技術をファッションに生かせるとわかって、文化服装学院に路線変更したの。絵を描くのはやめたくなかったから。

ジュンコ 私はお姉ちゃんと比べられるのがイヤで、別のことをしようと思っていたのに、お姉ちゃんのスタイル画の先生が私の絵を見て、「上手ですね。なぜ、お母さんと同じ仕事を目指さないの？」って。その言葉に導かれて、結局、文化服装学院に入学。やっぱり、道って敷かれているのね。反発していても、スーッと進んでしまう。

ヒロコ　私の後をついてきたのよ。（笑）

ジュンコ　でも私は、新人デザイナーの登竜門「装苑賞」を最年少の19歳で取った。かわいそうだけど、お姉ちゃんは取れなかったのよね。「あんな腹立つことはないわ」って言ってた。

ヒロコ　妹に先を越されて、人生で一番悔しかった出来事だけど、私のときは装苑賞が始まったばかりで要領が摑《つか》めなかったのよ。でも、身近に最大のライバルがいたおかげで、競争心がモチベーションになって成長できた。それが今も、私たちを奮い立たせている部分はあると思う。

ジュンコ　それは確かにそうね。

末っ子はひとりロンドンへ

ミチコ　私は、ライバルと感じてません。

ジュンコ　ミッちゃんは学生時代、テニス一筋だったから。でも短大で全国優勝したのを機にスパッとやめたのよね。

ミチコ　その後は、お母ちゃんの店を手伝ったり、東京のジュンコ姉ちゃんのところで働かせてもらったりして。でも20代後半頃、「私の人生、下働きだけで終わりそうやな。これでいいのか」と思うようになったんよ。

ジュンコ　それは考えるよね。

ミチコ　日本にいたらあかん、海外に出ようと。それも、あえて伝手《つて》のないロンドンに行こうと。ジュンコ姉ちゃんに相談したら、「冗談は顔だけにしとき」って言われたけど。(笑)

ヒロコ　ミッちゃんが渡英するとき、私も一緒に行って下宿先の手配とかをしてあげるはずだったんだけど、出国前に空港でパスポートの入った私のバッグが盗まれて……。

ジュンコ　お姉ちゃんは大泣きで、みんなも大騒ぎして、見送りどころじゃなくなって、いつの間にかミッちゃんは出国してたな。（笑）

ミチコ　ワハハ。でも、飛行機のなかで思ったんよ。姉ちゃんがいたら頼ってまうから、これでよかったんや、自力で頑張ろうって。

ジュンコ　なにかを志すとか、具体的な目標はなかったのよね？

ミチコ　行けばなにか見つかるやろうと思っていたんやけど、1ポンド650円くらいの時代だったから、すぐにお金が底をついて。たまたま、

ジュンコ　ある企業がデザイナーを募集していると聞いて応募したの。でも面接で自分をアピールする材料がないから、ジュンコ姉ちゃんのショーのビデオを見せたら絶賛された。

ミチコ　そりゃそうでしょう。

ジュンコ　あなたのコレクションかって聞かれて、「NO！　姉のやけど、家族は全員デザイナーで、私は手伝ってきたから頭に全部入ってる。だから、テイストを見てください」ってアピールしたら、変わった子が来たってことで採用されたんよ。

ヒロコ　ちゃっかり姉を利用して、たくましいわ。

でも、その図太さがないと、ロンドンではやっていけないからね。

もらうより与えるほうがええで

ミチコ　文化が違うイギリスでブランドを立ち上げて、継続させていくのは大変なことが多い。そんな環境でも、今もデザイナーとして仕事を続けられて、

ジュンコ ひとりで生きていけていることは本当に幸せやと思うわ。よく頑張ってると思うよ。私も振り返ってみると、20代は最高だった。ザ・タイガースなどグループサウンズの衣装を作り、青山に店を出して、お友だち関係も華やかで、いい時代だったから。

ミチコ 「サイケの女王」って呼ばれて、時代の寵児やったな。

ジュンコ でも今も最高よ。だから昔と同じことをしたいとは思わない。幸せの形は変わっていくし、今は今の幸せがある。私たちはずっと仕事が中心にある人生だけど、家族も自分も無事に健康で過ごせている。

ヒロコ 幸せを実感するのは、苦しい思いをした後なのよね。たとえば、いろんな逆境を乗り越えてパリ・コレクションとか大きなショーに参加してきたでしょ。ショーを終えた瞬間、達成感を得られて、幸せだなと思う。でも、もっと大きな幸せを感じるのは、その後。このショーを実現できたのは私の努力だけじゃない、協力してくれる仲間がいてこそと、みんなに愛されていることをしみじみと感じる、そのときが一番幸せ。

ミチコ　そうやね。私たちの仕事は、ひとりじゃ成り立たない。チームなんよ。生地屋さん、縫製工場の人たち、運送業者さんとかいろんな人が、それぞれの納期に向かってヨーイドンと動いてくれるからこそ、デザインしたものをブランドとして世に出すことができる。だから感謝の気持ちを忘れたらあかんし、みんなに好かれる人でないと続けていけない。

ヒロコ　最終的には人間性が問われるのよね。これは、仕事に限らずだけど。

ジュンコ　人のためになにができるか、が大事。

ヒロコ　お母ちゃんがよく言っていた「与《あた》うるは受くるよりも幸福《さいわい》なり」という聖書の言葉は、コシノ家の家訓みたいなもの。お母ちゃん流に言うと、「もらうより与えるほうがええで」やね。

ミチコ　私、思うねん。デザイナーの仕事も、「与うる」やないけど、人に喜んでもらうのが一番嬉しいし、何よりの原動力やろ。

ジュンコ　そうね。

ミチコ　私の服を着て、「気分が上がるわ」って喜んではる人の顔を見ると、デザイナー冥利《みょうり》に尽きるわ〜って思う。

ジュンコ　私のデザインする服は、「勝負服」だと言ってくださる人が多いの。「着ると自信が持てる」「いい仕事ができる」と言われると、本当に嬉しい。一着で、着る人の仕事の幅が広がり、行動をも変える。ファッションには人生を変えるくらいの力があると思う。

ヒロコ　だから、常に自分の感性を磨かなきゃいけない。ファッションだけやっていたら枯れていってしまうもの。私は長らく、趣味で絵画や長唄を続けているんだけど、そこから新たなひらめきが生まれる。年を重ねるということは、そうした経験を積み重ねるということだから、より厚みのあるクリエイションに繋《つな》がると感じてる。

ジュンコ　なんでもおもしろがること、前向きであることも大事。そのために重要なのは、やっぱり健康であることね。

ミチコ　確かに私たち、3人ともタフやからな。（笑）

（2023年8月収録）

I

HIROKO KOSHINO

コシノヒロコ

着る人をいかに
美しく見せるか

「自分の道は自分で」の覚悟

スタイル画を学びに東京へ

ファッションの仕事を始めてから60年以上たちますが、振り返ってみると大小さまざまな転機がありました。最初の転機は、大阪の岸和田から一人で上京し、文化服装学院に入学したこと。高校時代は画家を目指していましたが、「美大に行くには浪人覚悟で」と高校の先生から言われた途端、お母ちゃんが「浪人はさせへん！」と美大受験を猛反対。ショックで、１年近くお母ちゃんとは口をきかなかったほどです。

ことあるごとに「あんたは小篠家の跡取りや」と言うお母ちゃんに対する反発の気持ちがあり、ファッションの仕事への興味はゼロ。お店を継ぐ気もありませんでした。

進路を決められず悶々としていたとき、中原淳一さんが出していた雑誌『それいゆ』にスタイル画が載っていたのを見てハッとしました。そうか、絵でファッションの仕事にかかわるという方法もあるのかと気づいたのです。そのためには東京に行って、一流のイラストレーターのもとでスタイル画を学びたい。お母ちゃんにそう告げると、「自分で勝手になんでもやりなさい」と言われ、3000円だけ渡されました。今の価値でいうと、2万円弱くらいでしょうか。

そのお金を手に、以前お母ちゃんの店で働いていた女性を頼り、上京。まだ蒸気機関車の時代でしたので、13時間かかりました。ところがスタイル画を学ぶために通うつもりだった洋裁学校に行ったら、木造の建物が古臭い感じでどうにも気が進みません。その足で文化服装学院を見学に行くと、鉄筋コンクリートで造られた円形の校舎。すぐに願書を提出しました。

母・小篠綾子さん（右から3人目）が営んでいた「コシノ洋装店」（1952年頃）。左からヒロコさん、ジュンコさん、ミチコさん

私は3歳から7歳まで、お母ちゃんの仕事の邪魔になるという理由で祖父母の家に預けられ、祖父母から思いっきり甘やかさ

れて過保護に育ちました。そのせいで精神が軟弱で、幼稚園も乳母車に乗せてもらって通園していたくらいです。幼稚園で椅子を並べてみんなと座るのが怖くて、家に帰ってしまうような子でした。そんなひ弱な育ち方をしているのに、上京後は生まれて初めてなにもかも一人でやらなければならなくなった。慣れない下宿生活でストレスも多く、心身が参ってしまったのでしょう。夏休みに入ると胃潰瘍で吐血。半年間、休学しての療養を余儀なくされました。

でも、大阪に戻る気にはなれませんでした。下宿での療養期間中になにをやっていたかといえば、憧れていたスタイル画の原雅夫先生のもとに毎日通い、ひたすら筆で絵を描く練習をしたのです。1日30枚くらい描いたでしょうか。そのおかげで自分の指先と筆が一体になるくらい、筆遣いが身体に叩きこまれました。

スタイル画をペンで描く人も少なくありませんが、私は今に至るまで、筆で描き続けています。筆で描くと、スタイル画自体がアート作品のようになるのです。もしあのとき胃潰瘍になっていなかったら、東京生活を満喫しようと遊び回り、集中して筆を使う練習をすることはなかったかもしれません。そう考えると、病気という一見マイナスの出来事が、私に一生使える財産を与えてくれたとも言えます。それに親から突き放されて、生まれて初めてなにからなにまで自分でやったことで、「自分の道は自分で探さなくてはいけない」という覚悟もできました。

2歳下の妹に先を越されて

子どもの頃からケンカばかりしていた2歳下の妹ジュンコが、私を追うように上京して文化服装学院に入学してきたのも、転機かもしれません。寝る間も惜しんでスタイル画を描き続けていた私は、在学中の1957年に日本デザイナー協会のコンクールで1位になったのをはじめ、さまざまな賞を受賞するようになっていきました。フランスのファッションデザイナーのピエール・カルダンにスタイル画を褒められるという奇跡のような出来事もあり、世界を目指す思いが生まれるように。ところがジュンコが私より先に、新人デザイナーの登竜門「装苑賞」を受賞したのです。私はその前年、佳作入賞しましたが、本賞は取れませんでした。何かと私に対抗心を燃やしていた妹は、「お姉ちゃん、取ったで」と、あからさまにドヤ顔をするので、それがどれだけ悔しかったか。本当に腸《はらわた》が煮えくり返る思いでした。でもその悔しさが、デザイナーとして生きていく上でのバネとなったのです。

私は常にジュンコのやることが気になる。向こうも同じでしょう。私は60歳のとき、史上最年長（当時）で「毎日ファッション大賞」を受賞しましたが、ジュンコはこの賞を取っていません——なんて、いい歳になってもライバル心を燃やしているのですから、笑われますよね。

ところが今、この歳になると、一番憎らしいと思っていたジュンコが本当は一番私の力になってくれていたんだと心底感謝できるようになったのです。ジュンコというライバルがいたからこそ、絶対に負けたくないという競争心が芽生え、それが自分を高めるパワーになった。そう考えると、こんなにも身近に強力なライバルがいたのは、私にとってラッキーだったとも言えます。

ジュンコは私の還暦パーティーにも古稀のパーティーにも来ませんでしたが、80歳の傘寿のお祝いをパークハイアット東京で開いた際は参加してくれました。「珍しいねぇ、来てくれたん」と言ったら、「いや、私はパークハイアットが好きだから来たんや。それだけ」と、相変わらずの憎まれ口。それでも、「私がここまでやってこれたのはジュンコのおかげ」と伝えると、「そんな殊勝《しゅしょう》な言葉、ヒロコ姉ちゃんに似合わへん。そんなこと言うようになったら、死んでまうんちゃう?」と、あくまで大阪人らしいキツい突っ込みを入れてきました。私は普段、標準語で話しますが、やはり姉妹どうしだと昔に戻ってしまいます。ここに三女のミチコが加わると、３人とも岸和田弁でまくしたて、そのうち無性に楽しくなります。

　今の３人の年齢を合わせると、２５０歳を超えるんだそう。姉妹がそろって80代まで現役で仕事を続けられているのはこの上ない幸せですし、米寿のお祝いのときは、ぜひジュンコにもミチコにも参加してもらいたいと

1956年に入学した文化服装学院でのファッションショー。自らデザインした洋服を着てランウェイを歩いた

思っています。

ジュンコと二人で始めた最初の店

話を戻すと、ジュンコは装苑賞を受賞後、銀座の小松ストアー（現ギンザコマツ）で若者向けのコーナーを立ち上げることになりました。ジュンコはやはり一人でやるのは心細かったのでしょう。お互いに社会のことを何もわかっていないし、知恵を出し合って二人でやっていこうと話がまとまり、61年、サンプルの服を展示し、お客様のサイズに合わせて仕立てるイージーオーダー式のコーナーをオープンしました。それが私のファッションデザイナーとしての第一歩となったのです。

始めるときの約束は、「絶対、お互いに真似しない」。私はエレガント、ジュンコはアバンギャルドでファンキーと、もともとデザインの方向性は違い、自然と客層も分かれました。銀座という場所柄もあって、ジュンコより私のほうがお客様の人数は多く、おしゃれなお母様とお嬢様が連れだって服をオーダーしてくれました。若さと、互いにライバルがいる環境とで、私たちはどんどん個性的な服を生み出していき、雑誌などにも新進デザイナーとして取り上げられるようになっていったのです。

　その頃、リバイバル上映されていた映画『若草物語』が大ヒット。登場人物の一人が着ている、胸当てつきで後ろにリボンがついた長いドレスがとても印象的でした。そのイメージで、後ろにリボンをつけたエプロンのような長いドレスをデザインしたら、若いお客様に大好評。後ろリボンのスカートは流行を呼び、銀座のみゆき通りを闊歩《かっぽ》する若い女性の多くが身に着けたことで、「みゆき族」という言葉が生まれました。

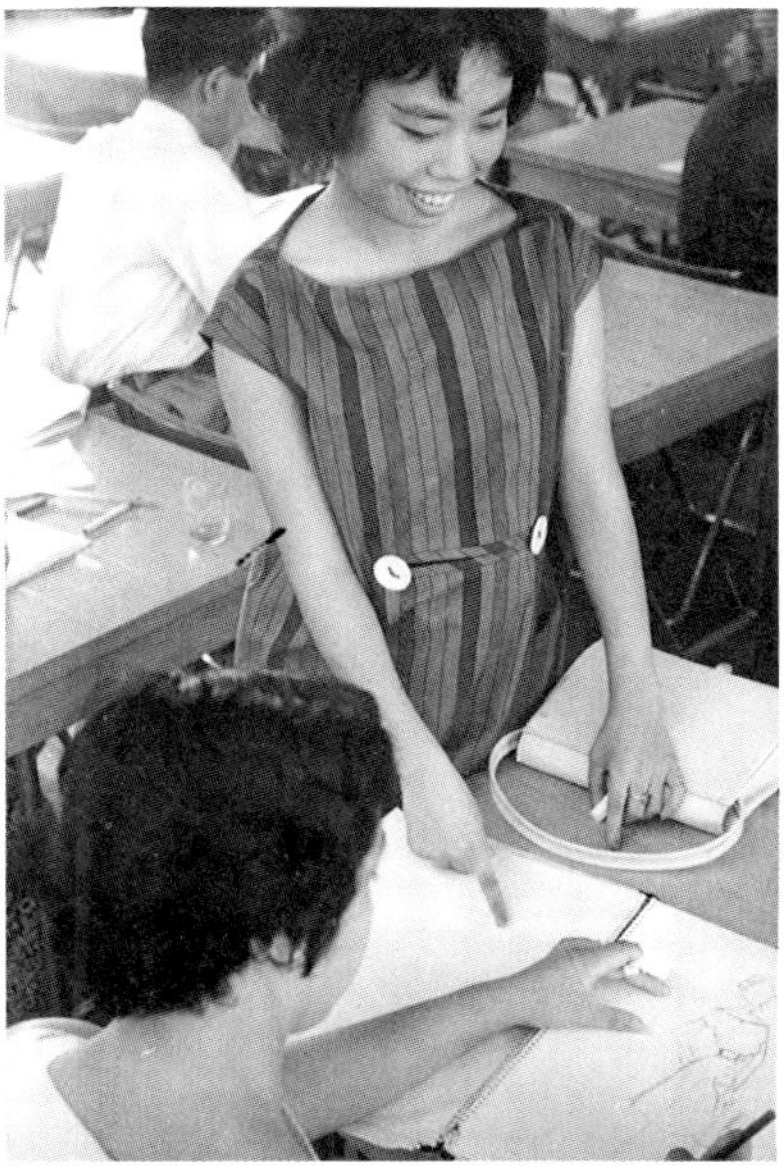
スタイル画の腕前を評価され、講師として働いていた頃

　私たちは文化服装学院で当時最先端の技術だった「立体裁断」を学んだので、仮縫いをする際、体形を見ながら布をお客様の身体にかけて、生地のいらない部分を切り取るなどしてフ

ォルムを作っていました。でも、まだまだ駆け出しのデザイナー。うっかりお客様のブラジャーの紐を切ってしまう、などというハプニングもありました。

人気が出る一方で、数字のことやお客様へのサービスの問題、納期が遅れたといったクレームなどは、小松ストアー側から姉である私のところに入ってきます。ジュンコはいわばおいしいとこ取り。店には入れ代わり立ち代わり私たちの友だちが遊びに来ては、みんなでアイスクリームを食べながらワイワイ騒いだりして、若いアーティストたちのサロンのようになりました。小松ストアーからは、「君たちはいったい誰のためにここでやっているのか」と何度か怒られ、そういうことが続くと、イヤな思いをするのは私だけだとだんだん不満も溜まっていきます。自然とジュンコと言い争うことが増え、そろそろお互い独立したほうがいいのかもしれないと考えるようになった頃、小松ストアーのほうから契約を打ち切りたいと言ってきました。

大阪に呼び戻された

お母ちゃんから「あんたは小篠家の跡取りなんやから、帰ってこい」と言われたのは、世の中が64年の東京オリンピックに向けて大きく変わろうとしている頃でした。私は東京を引き払って大阪に戻ることに決めました。というのも、お母ちゃんは私のために借金をして、大阪の一等地、心斎橋にお店を出してくれると言います。そこまでしてくれるなら帰ろう、という気持ちになったのです。

心斎橋は生地など繊維関係のお店が多い地域です。お母ちゃんは私を連れて、かまぼこを手土産に界隈の繊維関係のお店に挨拶回りをしました。お母ちゃんいわく、「かまぼこは、身を粉にして板にしがみついてる。あんた、こんなふうに生きなあかんで」。

老舗の生地屋のなかには、「生き馬の目を抜くような心斎橋で、こんなお嬢ちゃんが店出して成功したら見ものやわ」などと皮肉を言う人もいました。するとお母ちゃんは私以上に悔しがって、道すがら「あんなこと言われてんから。腹立つ！　腹立つ！　ヒロコ、頑張りや！　負けたらあかんで」と私にハッパをかけます。その足で法善寺横丁の水掛不動尊に行き、お店が成功するよう二人で祈りました。

お店のオープンを前に、私は初めての海外、パリへと出かけました。そのときに立ち寄ったクリスチャン・ディオールの店の雰囲気がとても素敵で、「こんな店にしたい」とイメージが膨らみ、蚤《のみ》の市でアンティークドールや焼き物、ドライフラワーなどを買って並べ、それまで日本にはなかったような店にしたのです。64年、27歳のとき、心斎橋にオートクチュール（高級オーダーメイド服）の店「クチュール コシノヒロコ」をオープン。お好みの生地を買っていただき、デザインして仕立てるのですが、雰囲気もちょっと変わっていたし、ブティックの先駆けということで注目されたのでしょう。裕福なマダムやお嬢さん方がお客様になってくださいました。

そのうち関西の文化人たちもお店を訪れるようになり、サロンのような場になりました。たとえば、「ヴァンヂャケット」の石津謙介さん、イラストレーターの黒田征太郎さん、グラフィックデザイナーの長友啓典《けいすけ》さん、下着デザイナーの鴨居羊子さん、建築家の安藤忠雄さんらです。年末には仮装パーティーをしたり、みんなでおおいに騒ぎ、触発し合ったものです。後に世界的な建築家となった安藤さんには、81年に芦屋の自宅を設計していただきました。

伊丹十三さんのアドバイス

お店はそれなりに順調で、いいお客様にも恵まれましたが、私の心のなかにはもやもやしたものがありました。というのも、やはり大阪は東京に比べるとマスコミの力が弱く、自分の仕事や存在を発信することができません。ジュンコは東京で華々しく活躍し、マスコミにも取り上げられているのに、私は大阪ローカルで評価されるだけ。もし東京に残っていたら、もっと有名になれたかもしれないという思いがあったのです。そんな私の気持ちを見抜いていたのでしょう。お母ちゃんも、「あんたも才能があるのに、私が大阪に連れ戻したから悪かったな」と言っていました。

悔しい、悔しいと思っていたときに、後に映画監督としても活躍された俳優の伊丹十三さんが遊びに来ました。伊丹さんに胸の内を打ち明けると、「東京にいると、本当の実力が発揮される前にマスコミにわーっと取り上げられて、自分の思うようなものが作れなくなり、才能を潰されることもある。どういうものを作れるのか、自分ならではのデザインの思想を完全に掴むまでは、マスコミに左右されない環境にいたほうがずっといい。そのかわり大阪にいる間に自分の個性を磨き、きちんとモノづくりに取り組むんだ」とアドバイスしてくれたのです。それが、どれほどありがたかったか。私はすっぱりと気持ちを切り替えることができ、大阪で全力を尽くそうと心が決まりました。

ローマ、パリのコレクションへ

夫婦関係に悩み離婚を決断

実は小松ストアーで働いていた頃、私はすでに結婚していました。結婚したのは23歳のとき。婿養子に入ってもらい、すぐに長女を、数年後に次女を授かりました。長女を出産したときは、入院中にも絵を描いていました。次女のときは、入院直前まで大きなお腹を抱えてファッションショーを開催し、収支決算をすませてから、自分で車に着替えなどを積んで入院しました。

ただ、結婚生活は決して平穏ではありませんでした。私は自他ともに認めるメンク

大阪・心斎橋の「クチュール コシノヒロコ」。パリで買ってきた装飾品が並ぶ店内で、長女の由佳さんと（1965年頃）

イ。元をただせば、相手を顔で選んでしまったのがそもそも間違っていたのかもしれません。私がデザイナーとして活躍するようになると、彼はふがいない夫だと思われていると疑心暗鬼になったのか、湯水のごとくお金を使って遊ぶことでコンプレックスを解消しようとしたり、私に対して抑圧的になったりしていきました。

30代半ば頃には、夫婦関係に悩み、子どもをお手伝いさんに任せて、ついお酒に逃げて夜遊びをしていた時期もあります。起き上がれないほどの二日酔いになるなど、生活も気持ちも荒れ、仕事に集中しきれない時期でした。

こんなことをしていては、人としても仕事人としてもダメになる。追い詰められた私は、離婚を決意しました。正式に離婚が成立したのは30代の後半でしたが、結婚生活で悩んでいた十数年間は、私が私らしくいられない、人生で一番大変な時期だったと思います。

野の花に突然涙が流れた

離婚してからしばらくたったある日、ふっと、道端に咲いている小さな雑草の花が目に留まりました。いつ人に踏まれたり車になぎ倒されるかわからないところに咲いている植物も、よく見ると懸命に生き、可憐な花を咲かせています。それを見て、突然、滂沱《ぼうだ》として涙が流れ出たのです。私はそのときから、自分の不幸を嘆くより、小さな幸せに心から感謝しようと考えるようになりました。

考え方が変わると、自然と人間関係も変わっていきました。不思議なことに、関西の財界の方たちが応援してくださるようになるなど、いい循環が生まれ始めたのです。

心の持ち方というのは、いわば鏡のようなもの。鏡を磨いてきれいな自分の姿を映すことで、相手も応えてくれるのだと実感しました。

私生活での悩みがなくなると、仕事もそれまで以上にうまくいくようになりました。後から考えると、離婚という選択をしたことですべて吹っ切れて、クリアな頭で仕事に向き合えるようになったのだと思います。目の前の扉が開き、新たな道を歩き始めたという感覚でした。

どれだけつらい経験でも、そこから抜け出して立ち直ったときに、人は一歩前進するのでしょう。たとえマイナスの経験であっても、乗り越えると、以前より強くなれる。あのとき思い切って一歩踏み出して、本当によかったと思います。

西洋の技術もどんどん吸収

「クチュール コシノヒロコ」では、スタイルブック（見本帳）を作りませんでした。お客様の顔を見ながら生地を選択し、その場でデッサンして「こういうものはいかがでしょうか？」と尋ね、形にしていくのです。それぞれのお客様の個性を見極めてその人だけの服を作るので、とても喜ばれました。とくに財界人の奥様やお嬢様たちの間で評判を呼び、高価であってもどんどん売れていきました。おかげでまわりに邪魔されず、自分ならではのファッションの思想を深めることができたと思います。

大阪は繊維産業の中心地。生地の輸入商社はほぼ大阪にあり、なかでも船場は昔から「糸へんの街」と言われていました。大手商社の丸紅や伊藤忠ももともとは船場の呉服商からスタートしましたし、イトキン、ワールド、オンワードホールディングス、帝人、コロネットといったアパレル企業も、本拠地は大阪か神戸でした。私のお客様は関西財界人の奥様が多かったこともあり、そうしたさまざまな企業を紹介していただき、海外のいい生地を手に入れることができた。しかも経済界のみなさんが一体となり、一流のデザイナーを育てて大阪からファッションを発信しようと盛りたててくださいます。それこそが、大阪を本拠地にしてファッションの仕事をする強みであったと思います。

稼いだお金で、パリにもよく行きました。美術館を見たり、蚤の市に出かけてアンティークやクラシックなボタン、バックルを買ったり、古本市で昔の『VOGUE』

を手に入れたり……。アンティークの服や最新モードの服を買ってきて解体し、フォルムの研究もしましたが、西洋の上質な服がいかに精巧に作られているかを目の当りにし、とても勉強になりました。

いいものを見れば見るほど、上には上があることを思い知らされます。だから毎年、勉強のためにヨーロッパに足を運びました。西洋の洋服の歴史をきっちり理解しながら、それをどう現代の日本に取り入れていくか。それを追求するのが、自分の服作りの原点となりました。

オートクチュールの精神でプレタポルテを作る

70年代の前半だったと思います。ある婦人服の企業がテレビCMをアフガニスタンで撮影することになり、スタイリストとして同行してほしいと頼まれました。アフガニスタンに旧ソ連が侵攻する前の王政の時代のことです。

私はそれまでヨーロッパにはたびたび足を運んでいましたが、少数民族も多く住んでいるアジアの国を訪れたことがなかったので、見るものすべてが新鮮でした。なかでも衝撃を受けたのが、ラクダに家財道具を載せ、羊を連れて移動する遊牧民族クチ族の衣装です。

女性が着ている服は、1枚1枚違う小さなはぎれを繋ぎ合わせて、見事なパッチワークになっています。薄汚れてはいるけれど、コップ1杯の水も大切にして生きてきた彼らの、長い歴史がひとつの服のなかに感じられるような迫力があり、なんともいえない存在感を醸し出しているのです。そして女性たちは、指輪など全財産を身体につけて歩いています。一人ひとりが唯一無二の服をまとっているようで、魂をえぐるその美しさに衝撃を受けました。

私たちは、寒いからこれを着よう、人に褒めてもらいたいからあれを着ようといった気持ちで服を選ぶことが多いでしょう。でも世の中には、人生をそのまま物語れるような服があるのだと打ちのめされました。そして、自分自身の洋服作りの姿勢を問われている気がしたのです。

時代は、服飾業界ではオートクチュールからプレタポルテ（高級既製服）へと過渡期を迎えていました。大量生産によって、誰でもファッションを楽しめる時代に変わろうとしていたのです。

でも私はアフガニスタンに行ったおかげで、オートクチュールであれプレタポルテであれ、本当にその人の人格を語れるくらいの深いモノづくりをしなくてはいけないと、天啓のように感じることができた。コストを下げるために大量に作るのではなく、オートクチュールを作るような精神でプレタポルテに取り組もうと自分自身に誓ったのです。それを、82年に創設した「HIROKO KOSHINO」というブランドのコンセプトにすると決めました。今に至るまで私の服が売れ続けているのは、その思想を崩していないからだと思います。

歌舞伎や着物の粋を取り入れて

アフガニスタンに行ったことは、伝統というものを改めて見直すきっかけにもなりました。日本の着物もそうですが、歴史的な背景を持つ服飾には説得力があります。ただ新しいものを追うだけではなく、長い歴史が紡いできた美しさを現代にどう表現していくか。そこを考えなくてはいけないと思うようになりました。

洋服はもともと西洋の文化ですが、西洋を〝真似る〟時代はもう終わっているというのが私の考えでした。日本からファッションを世界に発信するには、日本の古典を徹底的に勉強した上で、西洋文化である洋服を作るべきではないか。私は「新しがりや」だからこそ、西洋にはない新しいファッション文化を創造するため、古典を再勉強すべきだと思ったのです。

幸い私は幼い頃から、祖父にさんざん歌舞伎やお茶屋遊びに連れて行ってもらったので、伝統芸能や着物など和の文化に親しんできました。子どもの頃に身体に入ったものは、やはり残ります。どうしたら色彩や形で粋さを表現できるかといったことも、感覚的にわかるのです。

時代とともに生活習慣も感覚も変わっていきますから、古いものを古いまま見せるのではなく、デザインの力で新しいものに変えていく。それがデザインの仕事の尊さだと思います。私は、そこを追求したかった。

海外の人たちを感激させるにはどうしたらいいか。大袈裟ではなく、寝ている間もずっと考え続けました。夢のなかで、すだれの向こうに椿が透けて見えて、その美しさに興奮し、目覚めたらすぐにスタイル画に取り掛かったこともあります。それが、薄いジョーゼットなどシースルー素材を上から重ねて、下のプリントが透けて見える「無双の椿」になりました。

ローマ・コレクションに参加

78年、ローマで開かれるオートクチュールのコレクション「アルタ・モーダ」に参加しました。イタリアの生地を仕入れていた商社から、有名な生地会社「シザーン」の経営者を紹介されたのがきっかけです。その方は日本の若手デザイナーを発掘するために来日。私のショーを見て、ローマ・コレクションに出ないかと声をかけてくださったのです。

ヨーロッパの人たちが新鮮に感じ、感動するのはどんな服なのか。考えに考えて生み出したのが、着物のような平面カッティングの服を帯で固定する、日本の伝統的な意匠を取り入れたデザインです。

ローマでは、会場だった高級ホテルで突然ストライキが起きるというハプニングがありました。照明は自然光が入るのでなんとかなりましたが、従業員もいないので、もうてんやわんや。同行した母は娘の晴れ姿を見ようと訪問着を着て張り切っていたのに、急遽裏方スタッフに。そもそもイタリアのフィッターさんでは、帯を思うような形に締めることはできません。お母ちゃんともう一人、日本人の友人が汗だくになりながら次から次へと帯を締めてくれました。

ショーは大成功。拍手が鳴りやまず、興奮したお客様たちがスタンディング・オベーションで讃えてくれました。彼らにとって、日本の文化を感じさせるファッションはすごく新鮮だったのでしょう。なんと、ファッション雑誌『ハーパーズ バザー』に30ページの特集が組まれました。この経験を通して、大阪でデザイナーを続けてきたからこそローマでショーができたのだと、ようやく自信を持つことができたのです。

パリコレでの悔しさもバネに

パリコレに初参加したのは82年です。アパレルの経営者が集まる会議で、私が「日本のよさを海外に売り込んでいく時代です」と訴えたところ、イトキンの辻村金五社長が、「ローマでのコレクションは大成功で、あの洋服、全部アメリカ人に買われたんやってな。僕らはパリのデザイナーと提携して、高いお金を払っているけれど、今度は日本のデザイナーを外に売っていく時代や。一緒に、パリコレに打って出ようやないか」と持ち掛けてきたのです。

そんなわけで実現したパリコレは、残念ながら悔しい結果に終わりました。期間中、大中小のテントでそれぞれのブランドがショーを開くのですが、パリでは無名だった私は一番小さなテントでした。その上、プレスの人たちを誘導する際、現地のスタッフがわざと私のテントを飛ばしたのです。

そのときは腹が立ちましたが、落ち着いて考えてみれば、そうした扱いを受けるのも致し方なかったのかもしれません。当時、経済成長をいいことに、日本の企業がフランスの由緒あるレストランやゴルフ場、お

ローマ・コレクションの「アルタ・モーダ」にて。フィナーレでは拍手が鳴りやまなかった

城まで買い取るなど、やりたい放題でした。また、家電や車のメーカーが進出して、フランスの企業を圧迫していたこともあり、当時フランス人にとって日本人は鼻もちならない存在だった。だからパリコレに参加するにあたっても、イトキンは高いお金を払わざるをえなかったし、私もカネに飽かしてショーにやってきたんだろう、という目で見られたのでしょう。どうやら「日本人がフランスの文化を荒らそうとしている」と思われたようで、フランスのファッション誌でも酷評されました。

それでも、アジアの技術を生かした高度な刺繍を施した作品を褒めてくださった方もいましたし、パリコレに出たということで日本での注目度がぐっと上がり、デパートでの扱いも変わりました。翌年にパリのサン＝トノーレ通りに出店する夢も叶えることができ、84年には改革開放路線が始まっていた中国・上海でファッションショーを開催し、テレビ放送までされる大成功を収められた。中国では反響の大きさに嬉しくなって、打ち上げの場でテーブルの上に乗ってザルを持って踊ってしまったのはいい思い出です。上海市長の「外から新しい、素晴らしい風を上海に持ち込んでくれた」という言葉は、とても励みになりました。こんなふうに、苦い経験も厳しい目で見ら

初めてのパリコレ。着物の要素を取り入れた服など、日本の伝統や技術を世界に向けて発信した

れることも、考え方次第で励みにも糧《かて》にもなると思っています。

断腸の思いで大阪を離れる

85年、仕事の拠点を東京に移しました。関西を離れることに対しては、内心忸怩《じくじ》たる思いもありましたが、バブル経済期を前にモノもお金も情報も東京に一極集中し、ファッションビジネスも大阪にいると後れをとる時代になってしまっていたのです。

バブル期は大量消費の時代でしたが、私はいいものを作るという方針を貫きました。そのため縫製工場泣かせとも言われましたし、こだわってモノづくりをしたため利益率が低く、赤字になる年もありました。それでも私は、自分の信念を変えるつもりはありませんでした。

バブル経済が崩壊し、景気が悪くなると、倒産する縫製工場も増えました。でも、他の仕事が激減している時期だからこそ、複雑なデザインも時間と人手をかけて丁寧に取り組んでくれ、難しい技術を求められても頑張ってついていくと言ってくれる工場経営者もいたのです。おかげで他にはないファッションをみなさんにお届けすることができ、バブル崩壊後、黒字に転換できたと自負しています。

このように、さまざまな艱難《かんなん》辛苦がありましたが、今思えばすべてが糧となりました。苦しみはあるのが当たり前。なんでもスイスイとうまくいっていれば、こんなに長続きしなかったかもしれません。やはり継続するには、苦しみも喜びもひっくるめて全部取り込み、なにが起きても乗り越える力を自分で育まなくてはいけないのだと思います。

ちなみにビジネスの拠点を東京に移したとはいえ、今でも私にとって関西は原点の地。今も週末は必ず芦屋の家で過ごすようにしています。毎週飛行機で往復するのは大変ですが、緑に囲まれた静かな芦屋の家で絵を描いたり、お客様方を招いて食事をするなどしてリフレッシュするからこそ、東京で忙しい日々を過ごすためのエネルギーがチャージされるのです。

エイジレスであるために

コンプレックスを美点に変える

私は一貫して、「着る人をいかに美しく見せるか」を大事にして服作りをしてきました。その原点は、変な言い方ですが、私が美人に産んでもらえなかったことかもしれません。

子ども時代は、学校で「おまえはブスや」とよく言われました。そんなこともあって、ファッションの仕事を始めてからは、自分を美しく見せるにはどうしたらいいかを真剣に考えるようになりました。

今もデザインをしているときが一番楽しいのですが、デザインしながら考えるのは、「この服、私に似合うかしら」「もっと自分をきれいに見せるにはどうしたらいいんだろう」ということ。きれいなモデルさんが着なければ映えない服では、多くの人に買っていただけません。美人に生まれなかった私だからこそ、着る人の気持ちを第一に考えるデザイナーになれたのではないかとも思っています。

女性はともすれば、「私は目が小さい」「背が低い」など、容姿に関してマイナス面を探してコンプレックスを抱きがちです。でも実は弱点だと思っているところが、プラスにもなります。背が低い人は、かわいらしいファッションが似合うかもしれないし、目が小さい人は、メイクとファッションでジャポネスクな美を表現できます。ふくよかな人には、私は「その身体があなたらしさなんだから、そこをもっと生かしましょうよ」と言います。

でもそうした外見よりもっと大事なのは、本質的な個性です。歳を重ねれば重ねるほど、その人の生き方によって培われてきたものが見えてきます。それは、人間性と言ってもいいかもしれません。そうした個性を見ながら、その人に似合う服はどんなものかを考える。それが、私のデザインの基本です。

ファッションの仕事は毎年毎年、春夏と秋冬の2シーズン、新しいものを作っていかなくてはいけないので本当に忙しく、年齢なんて気にしているヒマがありません。その一方で、重ねてきた年の分だけ経験という財産が増えるのも確かです。その財産を放出する場があるのは、とても幸せなことです。しかも、たくさんの人たちが「ヒロコさんの新しい服を着ると気分が上がる」と喜んでくださいます。こんなにありがたいことはありません。

みなさんに喜んでいただけると、それが私の喜びとしてかえってくるし、もっと素敵なものを作りたいというエネルギーの源になります。90歳を目前にした今も、日々、新鮮な気持ちで仕事を続けられるのは、みなさんから喜びのパワーをいただいているおかげです。

1日2食、筋トレは週2回

仕事を持続させるために、健康ほど大事なものはないと思います。自分の脚で歩き、手で絵を描き、頭で考えることができる。それがどれだけありがたいことか、この年齢になるとよくわかります。やはり年を重ねると、肉体的になにかしら足りないところ、弱るところが出てくるのは致し方のないこと。その現実と向き合い、いかに衰える速度を遅くし、健康を保つか。自分なりにかなり考えています。

なにより大切なのは、しっかり睡眠をとること。毎日8時間、ときには9時間以上寝ます。ただこの歳になると、やはり夜中に2、3回は目が覚めてしまう。不思議なことに、目が覚めるとピアノを弾きたくなります。今、ベートーヴェンのソナタ「月光」をおさらい中ですが、なぜか弾き出したとたん眠くなるんです。それで、「アカン、寝てしまおう」と、またベッドに向かいます。

健康を保つためには運動が欠かせないので、朝9時半頃から30分ほどジムでトレーニングをします。パワープレートに乗ったり、有酸素運動をしたりし、その後ストレッチを行います。筋トレをしたら中2日は空けたほうがいいというので、週2日通うと決めていますが、「今日はしんどいからやめておこう」とキャンセルしたことはありません。私は、自分で決めたことは必ず守る性格なんです。

食事も大切ですから、お任せしている人に作ってもらっています。ただ、食べる量は以前に比べるとだいぶ減り、朝は食べずに1日2食です。そのためタンパク質が不足しないよう、朝、プロテインを摂るようにしています。

料理以外の家事もしません。「餅は餅屋」という言葉がありますが、それぞれの人が得意なことをやればいいと思っているからです。

私は昔から、絵は得意だけどお裁縫は苦手。正直言って、ボタンひとつつけるのもイヤです。文化服装学院の学生時代も、宿題が出るとスタイル画だけ描いて大阪に送り、お母ちゃんのお店の人に縫ってもらったり、縫うのが上手な知人にバイト代を払ってやってもらったりしていました。

人に与えられた時間は、誰しも平等に1日24時間です。その24時間を有効に使うには、大事なこと、得意なことに全力を尽くし、後は人に任せてもいいと考えています。そして、本当に大事なこと、優先すべきこと以外は忘れる。自慢できることではありませんが、私は電話番号も人の名前もあまり覚えません。でも、本当に大事なことを覚えていれば、後は忘れてもかまわないと割り切っています。

なにもかも自分で抱え込んだり、すべてをきちんとこなそうとすると、疲れ切ってしまいます。ものごとに優先順位をつけ、自分が大事にしたいものに集中的にエネルギーを注ぐ。それが、私がいつも元気でいるコツです。

趣味もとことん全力で

ほぼ毎日、午前中に20～30分、長唄三味線のお稽古をします。三味線を始めたのは9歳のとき。子育てと仕事で忙しく、30年ほど遠ざかっていた時期がありますが、やはり子どものときから取り組んでいると手が覚えているのでしょう。今のお師匠さんについてから の20年ほどの間に師範の資格も取りました。難曲にもそれほど苦労しません。

銀座の老舗の旦那衆、女将衆が芸を披露する「銀座くらま会」にも参加しており、2024年の記念すべき100回目の記念公演では、難曲の「春興鏡獅子《しゅんきょうかがみじし》」を弾きました。人前で弾くのは、緊張もしますが、張り合いにもなります。

趣味とはいえども、ひとつのことを徹底して追求すると、本業の仕事にとってもプラスになります。ファッションの仕事は、日常の生活のなかから常にいろいろなものをキャッチしていなくてはいけません。何事も真剣に取り組んでいると、そこからさまざまなヒントをもらえます。

アートを生み出すとき、その瞬間のひらめきのなかには、さまざまな体験が潜んでいます。私は子どもの頃から歌舞伎に親しみ、三味線や長唄が身近にあったから、色気のある色が出せたり、「間」の粋さも身体にしみこんでいる。そういう感覚は、絵を描くときにも生きている気がします。やはり子どもの頃の経験というのは、その後の人生にさまざまな影響を与えるものだと思います。

子どもには厳しさと愛情を

振り返ってみると、私は3歳の頃から絵を描くのが好きで、よくアスファルトの地面に白墨で絵を描いていました。幼稚園のとき、初めて祖父に歌舞伎に連れて行ってもらい、「わ〜っ、きれいやわぁ」と大感激。家に帰ると、その日見た歌舞伎の場面を絵に描きました。

そんな私を見て、祖父はもっと絵を描かせたいと思ったのでしょう。歌舞伎だけではなく、お茶屋さんにも連れて行ってくれました。芸者さんの着物や帯、部屋のしつらいなど美しいものがたくさんあるので、ワクワクして着物や帯の柄を穴が開くほど眺めたものです。そうした経験が、結果的に私をデザイナーの道へと導いたのです。

ですから、機会があれば子どもたちにクリエイティブな体験をしてもらえる場を提供したいと、ずっと考えていました。その思いが叶い、24年、小学生から18歳までの子どもたちを対象とした東京都の事業「こどもファッションプロジェクト」の監修をつとめることに。このプロジェクトでは、実際に洋服のデザインやスタイリング、演出、モデル、撮影などを体験し、最終的にファッションショーを開催します。

子どもたちにとっては、こうしたプロジェクトは一種の遊びと言ってもいいでしょう。でも遊びのなかで覚えたことが財産になり、もしかしたらデザイナーを目指す子が出てくるかもしれないし、フォトグラファーに興味を持つ子もいるかもしれません。子どもの個性を引き出してあげるのは、年長者の役目ではないでしょうか。

子どもといえば私には2人の娘がいますが、次女のゆまは私と同じデザイナーの道を歩んでいます。20代の頃にはロンドンのミチコの会社で働き、ファッションを創り出す楽しさを知ったようです。ミチコは特別扱いせず、厳しく接してくれました。

親子三代でファッションの道を歩むことになるとは思いもしませんでした。コシノヒロコの娘ということで、どうしても注目されますから、若い頃は注目度と実力のギャップに苦しみ、精神的にも相当苦しい思いをしたようです。でも私は、決して甘やかすことはしませんでした。

もちろん親だからやさしい言葉もかけたくなるけれど、それで問題が解決するわけではないし、自分の力でなんとかするしかない。子どもを心配するあまり先回りして親がなんでもやってあげると、自分で人生を開拓する能力が育まれず、長い目で見たときにその子の人生はかえって大変になる。自分の子どもを幸せにしたいと思ったら、むしろ手放すようにし、余計なことは言わないほうがいいと思っています。それは私が、親に厳しく育てられたことをありがたかったと思っているからでしょうね。

甘やかすことはしなかったけれど、愛情を伝えることは欠かしませんでした。離婚し、シングルマザーとして仕事をしながら子育てをしていたため、娘たちと一緒にいる時間は短かったけれど、「忙しくてごめんね」などと言い訳はせず、家にいるときは必ず一緒にお風呂に入り、ぎゅーっと抱きしめたものです。

90歳を前に大展覧会

まわりを見ていると、たとえ身体が元気でも、80歳くらいで仕事を引退していく人が多いようです。そのなかにあって〝エイジレスウーマン〟である自分を作り上げていくためには、頭のトレーニングを課さなくてはいけないと考えています。そうしないと、体力と同じで頭のなかからなにかを生み出すエネルギーも衰えていきますから。

常に新しいものを発見し続けるためには、ファッションだけをやっていてはダメだとも考えています。そこで70歳を過ぎてからは、絵に没頭するようになりました。

そういえば、最近こんなことがありました。和紙に絵を描いていたら、水気が多かったのか、絵の具がどんどん紙に滲《にじ》んでいくのです。ふと思いついて裏返してみたら、とてもいい絵が現れました。そこで裏返しのまま加筆をしたところ、また違う表情が生まれたので「やったー！」とうれしくなりました。洋服でも表地を表に出すのでは

2024年のアート作品「WORK#2535」。見る人に自由に感じてほしいという思いから、絵にタイトルは付けず、番号表記のみとしている

なく、あえて裏を出したことがあります。そんなふうに常識にとらわれず、柔軟な精神で新しい発見を繰り返していく。ファッションに必要なのは、そうした自在な発想だと思います。

26年には東京で大規模な展覧会を開催する予定で、今、プランを練っているところです。一時は画家を目指していましたし、私にとっては、ファッションとアートの両方があるというより、ファッション自体がアートであり、アートのなかにファッションがある、といった感じです。

絵に関して言うと、私の場合、固定した画風があるのではなく、時代によって雰囲気も変わっていきます。今、こういうことに感動している、こんな色が気になる、こんな形がおもしろそうと思ったら、それが絵になります。それを洋服にしていくと、われながら「わっ、新しくてなんか新鮮！」とワクワク。

人の心は時代とともに変わっていくし、時代の流れをキャッチしながら、そのなかでクリエイトしていくのがファッションデザイナーの役目です。常に変化し、進化しているからこの仕事はおもしろい。時代の流れをキャッチするには、心を全開にして、新しい風がどんどん吹き込んでくるようにしなくてはいけません。そして、いい風が吹いてきたら、キュッと捕まえる。ですからファッションとアート、両方を見ていただける展覧会では、時代の流れも感じられると考えています。

今も元気に歩いていますが、07年に腰椎圧迫骨折で手術をしたため、長時間立っているのは大変です。大きな絵を描く際も、立ったままでは上部を描くのが難しいので、高い場所まで上昇できる電動椅子を購入しました。ただ壁画のような巨大な絵は、その椅子を使っても正直ちょっと厳しいのです。そこで70センチ四方くらいの絵を繋いでいって、大きくしてみようと思いつきました。繋ぎ合わせることで可能性が広がるし、1枚のキャンバスに描くよりおもしろい表現ができるかもしれません。

ある方法でできないなら、発想を転換させて別の方法を考える。ただし、核となる信念は変えない。これは、ファッションビジネスを継続していく上での私の基本です。物事は考え方次第。柔軟に発想すれば、不可能なことなんてないと思っています。

この年齢まで現役でやってこれたのは、ひとつには、失敗や困難に遭遇しても、別のアプローチを探して乗り越えてきたからです。すると結果的に、一段、成長することができます。マイナスに思えることも、見方を変えると飛躍の転機になるんですね。

そして、子どものような感性を失わないこと。私は90歳を目前に控えており、肉体的にはかなり古くなっているかもしれません。でも今も、子どものような純粋な気持ちで仕事に取り組んでいます。そうでないと、クリエイティブな仕事はできません。死ぬまで子どものような純粋な気持ちを持ち続けて創作ができたら、どんなに幸せだろうと思っています。

II

JUNKO
KOSHINO

コシノジュンコ

〝勝負服〟で人生に
プラスをもたらす

「装苑賞」を受賞し、時代の真ん中へ

「花の9期生」と呼ばれて

デザイナー志望なら誰もが憧れる「装苑賞」。私は1960年に、最年少の19歳で受賞しました。100枚以上提出したデザイン画のなかから、コバルトブルーのコートが評価されたのです。お母ちゃんの洋装店で縫い子さんの仕事を見ていたこともあり、私は本来「縫製は縫い子さんに任せる」という考え方。でもこのとき、いい人が見つからず、応募作は生まれて初めて自分で仕立てました。脇の縫い目が少しゆがんでしまったけれど、それもご愛敬。努力が実った瞬間でした。

子どもの頃からのライバルであるヒロコ姉ちゃんはこの賞を取っていなかったこともあって、とても誇らしかったし、このことをきっかけに、一気に「デザイナー」として時代の真ん中に躍り出た感じでした。もちろん賞を取ったからといって、まだ若く、素人といえば素人だけど、まわりから「プロ」と言われるようになったので、へ

っちゃらで「デザイナー」と名乗るように。子どもの頃からファッションが身近にある環境で育っているから、自分では素人とは思っていなかったんです。それまでなにかと優等生の姉と比べられ、イヤだなと思っていましたが、装苑賞を受賞したことで私は私だと、すべて吹っ切れました。

そもそも私は画家を目指していました。でも高校生の頃、姉が東京でお世話になっていたスタイル画の原雅夫先生がたまたま岸和田の実家にいらしたときに、私の油絵を見て、「なぜ才能があるのにお母さんと同じ仕事を目指さないの？」とおっしゃった。それがきっかけで、文化服装学院に行くことになったのです。

文化服装学院はヒロコ姉ちゃんが入学した年まで女子校でしたが、私が入る少し前から男女共学になりました。女子生徒の中には花嫁修業のような気持ちで入学する人もいて、プロ意識がなく、そのゆるい雰囲気がイヤでしょうがなかった。洋装店育ちの私は目測でサイズを言い当てられるし、円や直線もフリーハンドで描ける。だから余計に、のんびりした女子生徒がじれったくて仕方なかったのです。

でも、それも後から考えたら運がよかった。同じクラスの男子生徒で、後に日本を代表するデザイナーになった髙田賢三さん（ケンゾー）、松田光弘さん（ニコル）、金子功さん（ピンクハウス）という切磋琢磨《せっさたくま》し合える友と出会えたのですから。私たちは「花の９期生」とか「４人組」と呼ばれ、勉強も学校をサボるのもいつも４人一緒。歌舞伎を観に行ったり、ジャズ喫茶で朝まで語り合ったり、自主的にファッションショーを企画したりと刺激的な日々を送りました。

コンテストに出すと、いつも上位は「４人組」で占めるので、「コンテストマニア」と言われるほど。賞金はみんなで遊びに行くのに使っていました。

この頃、多摩美術大学の学生だった三宅一生さんとも知り合いました。当時、日本のファッション界にはデザイン料というものが存在していませんでした。まだ、デザイナーという仕事が確立していなかったのです。一生さんと、「これからのデザインの仕事は対価をもらうべきだ」と話し合い、そのための運動も始めました。いろいろな先生を招いてレクチャーしていただき、デザイナー志望の若い人に声をかけて勉強会を開いたりも。自分たちの未来を切り開くには、声をあげて行動するしかないと思っていたからです。

このときの精神は、今に至るまで私を貫いています。運動という言葉は、「運」を「動かす」と書きます。あるいは、「行動」によって「運」を開くと言い換えてもいいかもしれません。何か思いが生まれたら、とにかく行動に移す。私は性格がおっちょこちょいだから、後先考えずに行動してしまいがちですが、それが結果的に運を開いてきたと思います。

「花の９期生」の友人たちと。右から２人目がジュンコさん、向かって左隣が髙田賢三さん。左端から金子功さん、松田光弘さん

おかっぱ頭とカタカナ名前

お母ちゃんは常々、「向こう岸、見ているだけでは渡れない」と言っていました。とにかくやってみる。行きたいところ、やりたい仕事があるなら、自分で渡る算段をつけろ、ということでしょう。ですから私は装苑賞を盾にし、卒業を待たず、銀座の小松ストアーに自分から売り込みに出かけたのです。受賞作の写真や記事などを見せると、「君みたいな

若い感性がほしい」と店のコーナーを任せてもらえることに。これが、プロのデザイナーとしてのデビューとなりました。

その当時、インパクトのあるおかっぱ頭が私のトレードマークでした。子どもの頃からおかっぱ頭で、それが自分らしいと思っていたし、ファッションの仕事をしていく上ではアイデンティティが大事だと考えていたのです。私にとって、髪型もアイデンティティの一部。だから今に至るまで、髪型を変えていません。

そしてもうひとつ、デザイナーとしての名前を「コシノジュンコ」とカタカナ表記にしました。子どもの頃から「小篠」を「こささ」と読まれたりすることがあり、イヤだなと思っていた。その点、カタカナだと間違えようがないし、何よりインパクトがあって印象に残りますから。

姉を誘い、オーダー方式の店を小松ストアーにオープン。私は野球のユニフォームのようなカジュアルウェアや、着脱しやすいスキーウェアなどおもしろい服を作っていました。銭湯代や食事代が足りなくなるときもあったけれど、若さと勢いでなんのその。自分の感性を世の中に発信できる楽しさに夢中でした。

このときもさまざまな人との出会いがありました。耽美的な画風で知られる画家の金子國義さんと出会ったのは、よく遊びに行っていた新宿2丁目の「キーヨ」というジャズ喫茶。詩人の白石かずこさんや、後にアメリカで活躍する前衛画家のギュウちゃんこと篠原有司男《うしお》さんなど、新しいカルチャーを創ろうとしている人たちが集まるお店で、建築家の黒川紀章さんと出会ったのもこの店です。その出会いが、後に70年の大阪万博で、黒川さんが設計したパビリオン「タカラ・ビューティリオン」のコンパニオンが着るユニフォームのデザインを手掛けるご縁に繋がりました。

今思えば、金子さんとの出会いから、ファッションの世界以外の人たちとの人間関係が広がっていった気がします。金子さんのまわりには、芸術志向の感性がおもしろい人がいっぱい集まっていて、人形作家の四谷シモンさんもそのひとり。ちょうど今、シモンが作った等身大のお人形の衣装を作っているところです。長年の友人ですが、今になって初めてのコラボレーション。20~30年前に作られた少年のお人形がずっと裸の状態だったようで、シモンから「洋服、作ってくれないかな」と言われて、「おもしろいわね」と、お引き受けしました。

私の人生、つくづく人との繋がりでできているなと感じます。

一番乗りでヨーロッパ視察に

64年、東京オリンピック開催が決まり、世界各国から大勢の関係者や観光客が日本にやって来ることに。帰りの飛行機がガラガラだから割安でヨーロッパに行けるというので、それを利用した広告会社によるファッション関係者のヨーロッパ視察が企画されました。私は、今行かないと一生パリに行けないかもしれないと思い、この話に乗ることにしました。

当時は1ドル360円で、500ドルしか国外に持ち出せない時代。まだ知り合いで外国に行った人はいませんでした。費用は3週間で約30万円ですから、今のお金に換算したら相当な額です。でも私は昔から「一番乗り」が好きだったので、売り上げを回収したりして、ありったけのお金をかき集めました。小松ストアーとの契約が終了することになったので、タイミング的にもちょうどよかったのです。

家族にヨーロッパ視察の話をすると、お母ちゃんもヒロコ姉ちゃんも「私も一緒に行くわ」と言い出して——結局、３人で行くことになりました。どこよりも行きたかったのは、パリのクリスチャン・ディオールです。特別にショーも見せてもらい、さすが超一流は違うとうなり、モードの本場の奥深さを思い知らされました。

帰国して、興奮しながら賢三さんにパリの話をしたら、自分もパリに行きたい、と。賢三さんは、住んでいた六本木のマンションの改築が決まって立ち退き料としてたまたまもらった25万円でパリに行き、そのまま住み着いてしまいました。

〝押しかけ弟子〟は寛斎さん

その頃の話です。知り合いが海外に行くので、横浜港の大さん橋に見送りに行ったときのこと。紙テープを投げて知人を見送っている私のことをジロジロ見る男の子がいます。私はその日、表がピンクで、グリーンにバラの花のプリントの裏地がついた服を着ていました。その男の子が近づいてきて、「ちょっと裏、見せてください」。見せてあげたら、「電話番号、教えてください」と言うのです。同じ人を見送りに来ているのだからアヤシイ人ではないだろうと思い、連絡先を教えることにしました。

当時私は六本木の麻布龍土町《りゅうどちょう》（現・六本木7丁目）にアトリエを構えていましたが、翌日、その男の子がやって来ました。なんでも中学、高校時代は応援部だったとかで、大声で「今日から弟子にしてください！」と言うなり土下座して、その場を動きません。それが若き日の山本寛斎さんでした。

応援部とファッションというのは一見結びつかないようですが、寛斎さんは腕利きのテーラーの息子だけあって、お針子をやってもらうと筋がいい。私は背が小さいので、何かを観に行くと「肩車します！」と。私も20代で若かったし、平気で肩車してもらっていました。ただ閉口したのは、人前でも大声で「師匠！」と呼ぶこと。それだけはやめて、とお願いしました。

彼はうちに来るようになって、あっという間に装苑賞を受賞しました。審査のとき、自分の作品が出てくると「いいぞ〜っ！」と大声を出して拍手をするものだから、まわりは呆れてしらけてしまう。すごくユニークな人でしたね。

晩年に一度、ファッションショーに出てほしいと言われたことがあります。でも私は自分がデザインした服しか着ないことにしているのでお断りしました。それが、直接お話しした最後でした。まさか70代半ばで亡くなるとは思っていませんでした。お断りしたことを少し悔やんだけど、彼ならきっと私のポリシーをわかってくれたと思っています。

グループサウンズの衣装がトレンドに

ブティック「コレット」をオープン

66年、念願だった独立店を青山の外苑前に開店しました。フランス映画『マダムコレット』から、「コレット」という店名をつけてくれたのは詩人の高橋睦郎さん。イラストレーターの宇野亞喜良さんが店のロゴとなる唇のマークを描いてくれました。宇野さんとも新宿2丁目のジャズ喫茶「キーヨ」で知り合いましたが、名刺に描いてあったイラストがあまりにも素敵で、「こんな人が世の中にいるの？」と衝撃を受けたことを思い出します。「誰も見たことのない店にしよう」と決め、内装は、床から壁、天井までサーモンピンクに。黒で統一された家具は金子國義さんのデザインです。「コレット」は私のお店というより、みんなのお店という感じでした。夕方になると友だちが集まってきて、そこから夜の街に繰り出す。遊びのなかで、「今度、こういうものを作ってみよう」「こういうの、おもしろいんじゃない?」といった会話が飛び交い、新しいものが生まれていく。

たとえば、宇野さんがマックスファクターの広告のアートディレクションをする際、モデルに着せる服のデザインをしないかと私に声をかけてくれました。初めて舞台衣装を手掛けたのも宇野さんの紹介で、66年に上演された『愛奴《あいど》』という作品でした。このときの音楽は、作曲家でピアニストの一柳慧《いちやなぎとし》さんです。

そんなふうに、それぞれが独自に個人で仕事をしつつ、一緒に時代を牽引するカルチャーを創っていったのだと思います。お互いに影響を与え合える仲間がいると、「私ももっと頑張らなくては」という気持ちになる。こうした友人がいたことは、私の大きな力となりました。

「コレット」では、店内でショーを開くことも。安井かずみさん（左）は毎日のように訪れ、一緒に遊びに出かけていた

ザ・タイガースとフリルの服

「コレット」をオープンして間もない頃、歌手の布施明さんが来てくれました。ちょっとラテン的な顔立ちの布施さんに似合うと思って、私はプリーツのフリルの服を仕立てることに。その服を見た布施さんの所属事務所である渡辺プロダクションの創業者・渡邊美佐さんが、おもしろいと思ってくれたことで、ザ・タイガースというグループがデビューするので衣装を作ってほしいと声がかかりました。

当時はレコードの時代。レコード

はＣＤより面積が大きい分、レコードジャケットのビジュアルがとても重要で、そこでどんな衣装を着ているかでグループのイメージが決まるようなところがありました。とくに新しいグループが世に出る場合は、なおさらです。

沢田研二さんや加橋かつみさんたちメンバーの写真を見ると、みんなかわいい少年という印象。曲と写真のイメージから、カチッとした男っぽいものではなく、中性的な感じがいいのではないかとピンときて、フリルがついたシャツをデザインしました。「男は男らしく」という常識をファッションで打ち砕いたのです。「ユニセックス」という言葉が日本で使われるようになったのは、この頃からではないでしょうか。

ザ・タイガースの衣装を作ったことをきっかけに、ザ・スパイダース、ザ・ワイルドワンズ、ザ・ゴールデン・カップスなど、いろいろなグループの衣装を手掛けるようになりました。厚底ヒールの靴、ピンクのブラウス、パンタロンなどなど、中性的で妖しい私の世界観がトレンドになっていくのを肌でひしひしと感じました。

作詞家の安井かずみさんと親しくなったのも、その頃です。知り合いだった俳優の加賀まりこさんが、「コレット」に連れて来てくれたのがきっかけでした。

夜の街での刺激的な交流

安井かずみさんとは、日本初のディスコと言われた赤坂の「ＭＵＧＥＮ」や「ビブロス」にもよく遊びに行ったものです。どちらのお店も入り口でファッションチェックがあり、お店の方針に合わない人は入れてくれません。デザイナーや広告関係のクリエイター、イラストレーター、芸能人などが出入りする、とても華やかでおしゃれな夜の世界。私は夜な夜なこうしたお店に出かけては、自分がデザインした服を着てゴーゴーを踊っていました。

私は、いわゆる「女らしさ」や「お嬢様っぽさ」が嫌い。前衛ファッションのリーダーとなっていた私自身もメディアに登場する機会が増え、「サイケの女王」の異名をとりました。

60年代後半、日本ではヒッピー文化やアングラカルチャーなどさまざまなカルチャーが生まれ、経済も上り坂で勢いがある時代だったと思います。時代の先端を行く人たちが集まって真剣に遊ぶことがトレンドや流行を生み、時代が生み出した文化の渦のなかで私も新しいデザインを次々と世に送り出していきました。

ファッションの世界は常に変化しています。私が時代の変化の真ん中で活躍し続けられたのは、「おもしろがる」精神があったからではないでしょうか。それは自分自身も活性化させますから。仕事も人生も、楽しまなきゃ損です。

ただ、遊びには思わぬ副産物もありました。実は24歳でカメラマンと結婚していたのですが、連日の朝帰りに呆れられて、４年で離婚することに。非はすべて私にありますし、本当に申し訳なかったと思います。

東京をファッション都市に

68年、日本は西ドイツを抜いてＧＮＰ（国民総生産）が世界第２位になりました。ファッション業界も経済成長が追い風となり、さらに勢いを増し、互いに切磋琢磨した仲間たちも海外で活躍するように。そろそろ日本のファッション業界も国際競争を意識すべきだ、という機運が高まりました。

そこで、日本のファッション界を牽引してきた面々が力を合わせることになりました。メンバーは、金子功、菊池武夫、花井幸子、松田光弘、山本寛斎、そして私の6人で、「Top Designer 6」を略して、デザイナー集団「TD6」を立ち上げたのです。

それまでファッションショーはデザイナーごとに時期も場所もバラバラでしたが、春秋の2回、6人のショーが重ならないように時差を設けて、同じ会場か近隣の会場で集中開催することに。バイヤーやメディアが効率よく回れますし、記者会見や取材も6人そろえば発信力が高まります。世界に向けて発信すれば、東京はファッション都市として世界と戦える。それが私たちの信念でした。この試みも、一種の「運動」だったと思います。

ディスコ「MUGEN」にて。独特で大胆なデザインの衣装を多く手掛け、「サイケの女王」と呼ばれていた頃

発足したのは74年。コム・デ・

ギャルソンの川久保玲さんやヨウジヤマモトの山本耀司さんたちも途中から加わって、81年まで続き、これが後の東京コレクションの母体となりました。

人生最大の危機

69年にお店を外苑前の交差点近くからキラー通りに移転し、名前も「ブティックJUNKO」に変えました。ロンドンでビートルズを観た経験から、内装は『イエロー・サブマリン』をイメージしました。

実は、「キラー通り」と名付けたのは私なんです。正式な名前は外苑西通りといい、64年の東京オリンピックに向けて作られた新しい道路だったので、まだ通称はありませんでした。なんとかあの通りをトレンドの発信地にしたいと思い、当時、大阪万博の責任者で、通商産業省（当時）官僚だった堺屋太一さんに「個性的でインパクトのある名前になりませんか」と相談したところ、「自分で名前をつけちゃえばいいんだよ」。

私は、ファッションビジネスをやっていく上で、常に「インパクト」を大事にしてきました。そこで、青山霊園も近いので少しブラックな名前がいいと思い、「ブティックJUNKO」の案内状に「キラーストリート」と印刷して、手あたり次第にお客さんに配ったのです。ですからキラー通り商店街では、私は今でもGMと呼ばれています。ジェネラルマネージャーではなく、名付け親だからゴッドマザー、というわけです。

キラー通りに立つ「ブティックJUNKO」の2階には窓がなかったため、自ら壁に窓の絵を描いた

キラー通りに移ってからも、会社の車にスタッフと手描きで描いたヒョウ柄が大流行するなど、おかげさまで仕事はすこぶる順調。休暇が取れると、ハワイで過ごすようになりました。ところが74年、いつものようにハワイで1週間のんびり過ごして日本に帰国したら、とんでもないことになっていました。銀行から「手形の期日が迫っています。落ちないと不渡りです」と電話がかかって

きたのです。

私は経理が苦手なので、ある男性にすべて任せて、預金通帳や印鑑もそっくり渡していました。でも、その人と連絡が取れない。銀行に行くと会社名義で手形が振り出されていて、期日は来週の月曜日だと言います。どうやら詐欺に巻き込まれたようで、金額は３０００万円。一瞬で血の気が引きました。

期日までにお金を用意できなければ、不渡りになり、店も商品も差し押さえられてしまう。従業員の生活も吹き飛ぶし、一度失った信用を取り戻すのは大変でしょう。期限が数日後に迫っていたので、岸和田のお母ちゃんや友人に頼み込んで、なんとか２７００万円をかき集めました。でもどうしても、３００万円足りません。もう、なるようになれという感じで、土曜の夕刻にぽか～んとブティックに座っていたら、それまで来たことのなかったビルのオーナーがたまたまやって来て、「まだ、仕事をしてるのかい？　あなたを見ていると、なんだか自分の娘みたいに思えるよ。どう？　元気にしてる？」と話しかけてきたのです。

「いや、元気じゃないです」と答え、事情を話すと、なんと「あなたに３００万円あげるよ。返さなくていいから」。そして、すぐに小切手を書いてくれたのです。もう、びっくりするやら、感激するやら。こうして危機を乗り越えることができました。

運命の出会いと結婚式

詐欺事件の後、運命の人、鈴木弘之さんと出会いました。場所は恵比寿の自動車教習所。背が高くてカッコいい人だなというのが第一印象でしたが、教習所では言葉を交わしたことはありませんでした。ところがお互いに自宅が西麻布だったことで、ときどき、道端でばったり会い、自然と挨拶をするように。愛車も偶然同じフィアット500だったりと共通点も多く、話をするようになりました。

鈴木さんは実業団でサッカーをしていたけれど、ヘアデザイナーを目指し、思い切って会社をやめて修業中だと言います。ある日、鈴木さんが使い込んだ洗面器を持って近所を歩いていました。どうやら銭湯帰りのようでしたが、私に気が付くと慌てて洗面器を隠して顔を赤らめた。そんな素朴なところに心惹かれるようになりました。

鈴木さんは賢三さんの紹介でパリのサロンでの研修が決まっていたにもかかわらず、

私が電話で誰かと深刻に相談しているところをたまたま見かけて、その頼りなさそうな後ろ姿が心配になり、「ジュンコさん、会社の仕事を手伝ってあげようか？」。

出会って8ヵ月目、教会での式の後、青山のレストランで披露宴を開き、自分でデザインしたドレスでみなさんに結婚のお披露目をしました。披露宴に来てくれた友人たちと、最後はみんなで合唱しながら長い列になって青山通りを練り歩き、手作り感溢れる温かい結婚式になりました。私は仕事さえ続けていければ幸せだし、一生、結婚も出産もしなくてかまわないと思っていたので、自分でも意外な成り行きでした。でも新たな伴侶が仕事のパートナーになってくれて、どれだけ心強かったか。私は、自分の得意なことだけをやっていればよくなったのですから。夫婦になった今も、私は彼を「鈴木さん」と呼んでいます。

中国訪問でインスピレーションを得て

何でも一番乗りしたがる私ですが、国際舞台でのデビューに関しては、仲間たちに遅れをとっていました。髙田賢三さんが70年にパリで、三宅一生さんは71年にニューヨーク、73年にパリで、山本寛斎さんは71年にロンドン、74年にパリでコレクションにデビュー。私は国内で活動をしながら、機が熟すのを待っていました。

77年に東京の帝国ホテルで開いたファッションショー「プリミティブ・アメリカ」がメディアから高い評価を受けたこともあり、ついにパリコレに初参加することに。

当初は「和」を打ち出したいと思っていましたが、それはすでに賢三さんがやっています。私はもっと広く、東洋と西洋の出会い、東洋の神秘、伝統と破壊といったものを表現したいと思い、そのためには中国に行く必要があると考えました。

きっかけは、ある台湾の男性との出会いです。なんでも台湾でデパートを持っている一族とかで、そのデパートに私のコー

1978-79年秋冬コレクション「プリミティブ・アメリカ」の案内状。山口小夜子さんもモデルを務めた

ナーを作りたいと言われ、話を聞いているうちに、中国文化に興味が湧いてきたのです。長い歴史のなかで、日本の文化は中国からものすごく影響を受けています。やっぱり一度は、自分の目で見ておかなければと思うようになりました。

上海の刺繍製品の買い付けと視察を兼ねて、夫と一緒に中国を訪れたのは78年8月。ロングヘアーの鈴木さんとおかっぱ頭の私が珍しかったのでしょう。「日本の少数民族か？」と空港職員から質問がありました。長年、文化大革命により日常生活からぜいたく品が排除されていたため街は暗い感じで、カーキ色の人民服を着ている市民がまだ多かった時代です。「鮮やかな色がない」というのが、第一印象でした。

上海と北京を視察し、あまり参考になる材料がないなと思いながらも、帰国直前、万里の長城を観に行くことに。さすが桁外れの規模だと感心し、タクシーで北京に帰る途中、車内で流れていた音楽に心を鷲《わし》づかみにされました。二胡の音色が抒情的で、それでいて悠久の時を感じさせるような雄大さがあり、なんとも言えず美しいのです。運転手さんに聞くと、少数民族瑶《ヤオ》族の瑶族舞曲だと言います。聴いているうちに、どんどんインスピレーションが膨らんでいきました。

繁華街の王府井《ワンフーチン》に行ったものの、レコード店が見つかりません。みなさんに協力していただき、ようやく書店で手に入れた瑶族舞曲の「幸福年」というレコードを帰国してから聴き、一気にイマジネーションを広げていきました。

初めてのパリコレのコンセプトは「プリミティブ・オリエンタル」。これだ！　と確信したのです。

満を持してパリコレへ

中国から帰国してすぐに10月のパリコレの準備を開始。赤地に黒と金の飛龍をシンボルとした東洋風の案内状を作成し、知己を得ていたダイアナ・ロスらの推薦文も添えて、パリに向けた準備は加速していきました。

私はとにかく、観客も一緒に楽しめるショーにしようと思いました。フィナーレには歌舞伎の「土蜘《つちぐも》」で使う、手からパッと蜘蛛の糸のように紙が広がる演出を、色を白から赤に変えて取り入れました。若い頃に歌舞伎を観ていたのが、役に立ったのです。「演劇のようなショーだった」と、メディアからもバイヤーからも好評で、大成功をおさめることができました。
気分が高揚していた私は、パリの高田賢三さん宅で開かれた祝賀パーティーで大はしゃぎ。「イッツ、ショータイム！」と叫びながら、中二階から飛び降りました。体操競技で平均台や跳馬の台から下りるとき、パッと両手を斜め上にあげて着地しますが、あれをやりたかったの。そして見事に着地を成功させ、やんや、やんやの大喝采です。そこでやめときゃいいものを、「もう1回やるわ！」と再チャレンジ。ところが今度は着地に失敗して頭を強打。目が覚めるとアメリカンホスピタルでした。褒められるとつい調子に乗ってしまうのが私の欠点です。（笑）
でも、懲りないというか、性格は変わらないというか——。昨年、ジムのパワープレートで、負荷を高くしてポーズを取ってみたら大成功。まわりにいた人から「すごいっ！」と褒められたので、またまた調子に乗り、「じゃ、もう1回やるね」。なんとアキレス腱を切ってしまい、数ヵ月、車いす生活になりました。ほんと、自分で自分に「アホかいな」と突っ込みを入れたくなります。
パリコレに関して言えば、その後もパリでショーを開きましたが、屈辱を味わったこともあります。80年春のショーのときのことでした。定員500人の会場に100人くらいしか人が集まらず、いつも来てくれるはずの海外メディアやバイヤーも姿を見せないのです。調べてみたら、時間帯が「シャネル」のショーと完全に重なっていた。それでは人が来るはずがありません。スタッフの調整ミスでした。あのときは、気が強い私も思わず泣いてしまいました。

中国の瑶族の舞曲にインスピレーションを受け、東洋の神秘を演出し、初めてのパリコレに挑んだ

思いがけない妊娠

40歳のとき、パリコレの準備の最中に体調が悪いので病院に行ったところ、妊娠が判明。35歳で結婚してから5年間子どもができず、もう縁がないと思っていたので、自分でも意外でした。まわりもびっくりしたよう

で、友人たちの反応は「えっ、ジュンコって女だったの?」。私自身も思ったくらいですから、まわりがそう思うのは当然です。

当時はパリコレに出始めて間もない頃でしたし、仕事がどんどん広がっている時期だったので、なぜよりによって今この時期に、とも思いました。でも、産まないという選択肢はまったくありませんでした。自分のお腹がどんどん大きく、丸くなっていくのが、なんだかおもしろくて仕方ない。羊水のなかで胎児が生きているなんて、まるでお魚みたいだと思ったし、人間の生命の不思議さを感じました。「なんだ、ロケットに乗らなくても、このなかに宇宙があるじゃない」と思い、クリエイティブな発想がどんどん湧いてきたのです。

お腹は三角でも四角でもなく、スイカみたいに真ん丸。だからすっかり「丸」に夢中になって、作る服が全部丸いバルーン型になってしまったほどです。

そのうち、「地球や宇宙など、丸いものは神様が創った形だとしたら、四角はなんだろう」と考えるように。たとえば東西南北の方位もある意味では四角ですし、人間が作った数字の世界、建築などは四角。丸は常に動いていて底辺がありません。四角は底辺があり安定しています。その丸と四角のコントラスト、「対極」がおもしろいと思いました。

こうして、今も夢中になっている「対極」というデザインコンセプトが誕生しました。たとえば、昼と夜は対極で、昼が赤だとすると夜は黒です。また地球上でいうと、北極と南極、東洋と西洋、あるいは天と地。そのほか、光と影、静と動など。そんなふうにこの世には2つの極があり、その美の世界をファッションで対立させてバランスをとるのが自分の仕事だと思うようになったのです。

光と影があるから、美しいシルエットが生まれます。相反する要素から成り立つものを、まずは近づいて見て、それから全体が見られるように引いて見る。私がデザインする服は、すべてそうした理念に基づいて作られています。

先入観は持たず、自由な精神で

ファッション史では、85年に中国で行ったショーが「中国最大」と報道されたことを、画期的な出来事として捉えられているようです。このときは、人民服ではなく初めて背広を着た総書記として知られ、「服装の解放」を提唱していた胡耀邦《こようほう》さんの妻で元紡織部長の李昭《りしょう》さんが全面的にバックアップしてくださったことで実現しました。

ショーの会場は北京飯店西楼の大きなホール。まだ文革の名残があり人民服を着ている人が多く、電力が不足していた上、当時の中国はファッションショーなどに慣れていない時代で、大変なことがたくさんありました。モデルも現地の人にお願いしたので、なかなかいい人材が見つかりませんでしたし、ファッションに合うよう髪を切ったら泣かれてしまったりも……。後から思えば、中国の現状をあまり知らなかったからこそ思い切ったことができたのだと思います。調べすぎると、怖気づいたり、躊躇《ちゅうちょ》したりしてしまいますからね。

96年にキューバでショーをしたときも、「怖いところじゃないんですか?」とか「社会主義国でショーをやる意味ってなんでしょう」などと言われたものです。当時、キューバに関してはアメリカ経由の情報が多かったため、ネガティブなイメージを持っている人もいたのかもしれません。でも私は思い込みや先入観を取っ払い、わくわく

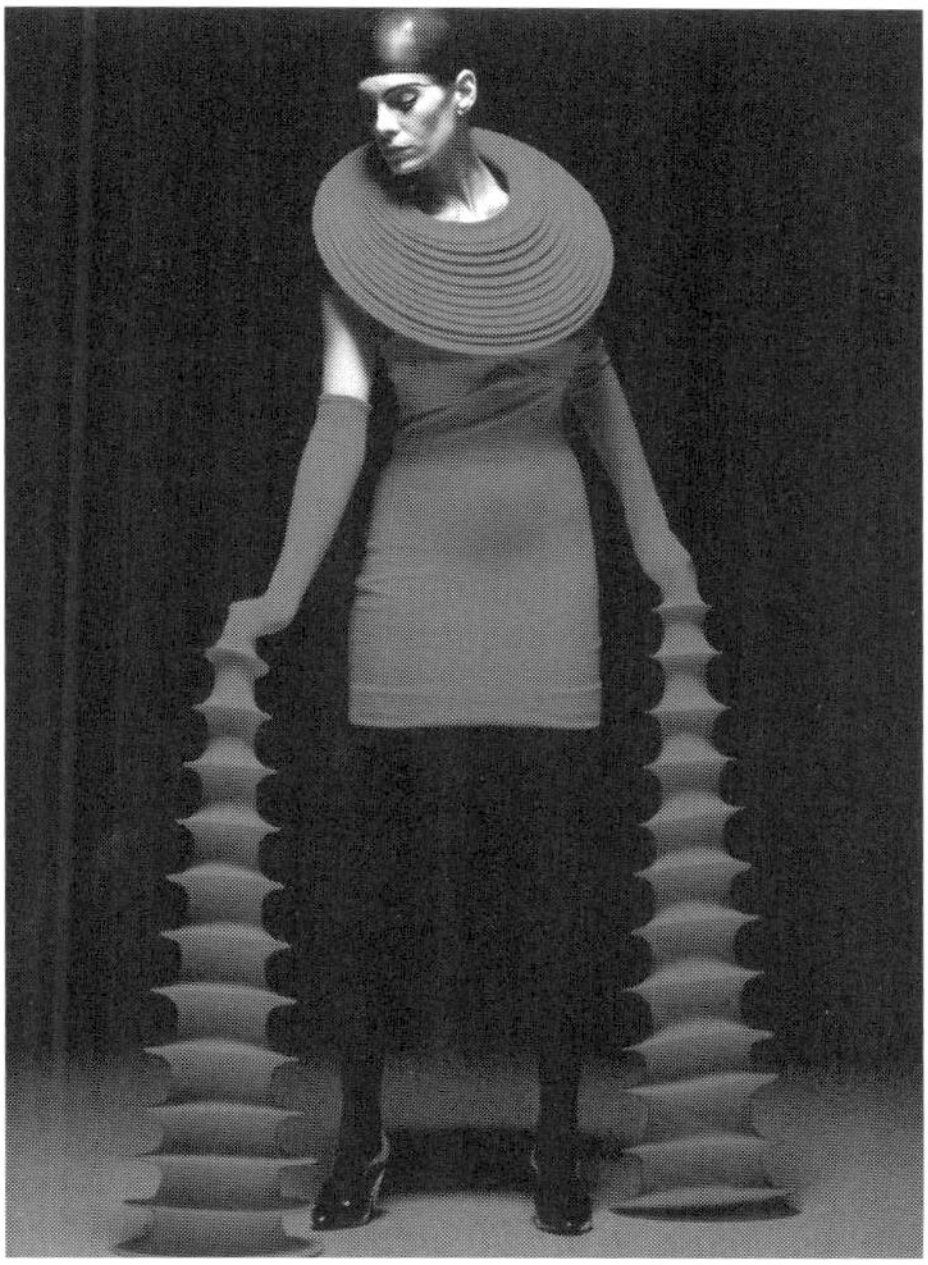

1989年、「対極」をテーマに制作した赤と黒のワンピース。襟とカフスは伸ばしたり、重ねたりできる

する、という理由でショーの計画を立てました。

　野外でのショーなのに、準備期間は連日豪雨でどうなることかと心配もしましたが、当日は雲一つない晴天となりました。キューバの人は親切でノリがいいし、音楽も素晴らしい。バネでできているかのように柔軟な身体のモデルたちがキューバ音楽のリズムに合わせて躍動的に動いてくれて、エネルギッシュで楽しい、素敵なショーになりました。

同じようにベトナムやミャンマーなど、それまでファッション市場とは縁遠かった国でも、ご縁があってショーを行ってきました。そういう催しに慣れていない国ではトラブルも起きがちですし、行ってみて初めて目の当たりにする困難もたくさんあります。ミャンマーではショーの最中に停電になり慌てました。でも現地の人と一緒に工夫してなんとか実現させると、なんとも言えない満足感があり、大変なことも、後になったら楽しい思い出になります。

私はなんでも、「やってみなくてはわからない」「行ってみなくてはわからない」と思っています。人とも、話してみなければなにもわかりません。まっさらな気持ちで物事に向かうと、思いがけない出会いがありますし、それが人生の楽しさではないでしょうか。

予定は未定

数年前、テレビのバラエティ番組で「アミダばばあ」の衣装のデザインをしたのは実は私だとお話ししたところ、かなり反響がありました。「アミダばばあ」とは、80

年代に人気を博したテレビ番組『オレたちひょうきん族』で、明石家さんまさんが扮したキャラクター。フジテレビの方がユニークな衣装を作ってほしいと頼みに来たので、胸に金庫がついていて、ギギギギッと扉を開けられたらおもしろいなと思い提案しました。視聴者からもおもしろいと思ってもらえたようですし、みなさんの記憶にも残ったようです。やっぱりおもしろがってやると、おもしろいものができる。その典型的な例だと思います。

昨日も今日も、1日24時間という点では同じだけど、実際は1日たりとて同じ日はありません。昨日と今日は違うけれど、昨日より今日のほうがおもしろい。そうやって、毎日おもしろがって生きてきました。

そもそも「予定」はあくまで「予定」。たとえば、何時に起きて、何時にここに行ってといったスケジュールをこなしてばかりでは、予定調和でしかないし、思いがけない出会いも生まれません。仕事も人生も何が起きるかわからない。そして、変化の連続です。この歳まで現役デザイナーとして仕事を続けることができたのは、日々の変化を柔軟に受け入れて答えを出してきた、ということだと思います。

「今」こそスタートのとき

なにがあっても大丈夫

デザイナー人生を振り返って今思うのは、やはりオリジナリティで勝負するのが一番長続きするということです。要は誰もやったことのないものをやる、誰も作ったことがないものを創る。そうでないと、世界で認めてはもらえません。

もちろん時代の流れをキャッチすることは大前提ですが、だからといって流行を追うことばかり考えていると、流行に押し流されて自分がなくなってしまいますし、存在感のあるデザイナーにはなれません。流行を追うのではなく、先頭を切って新しい時代を切り開いていく。そのスピリットが大事です。

ただ、今は情報過多で、そのなかでオリジナリティを追求すること、またファストファッション全盛のなかでデザイナーが存在感を示すことが難しくなってきました。いわゆるデザイナーズブランドの時代は、私たちで終わってしまうのかもしれません。

ここに至るまでにはさまざまなトラブルや危機もありましたが、それを乗り越えて得たのは、「なにがあっても大丈夫」という信念です。もちろん、大丈夫じゃないようなことも多々ありました。それでも私は根っから楽天的なのか、どんなときでも「大丈夫」と思って生きてきました。

「大丈夫」という字は、よく見ると、「大」にも「丈」にも「夫」にも、「人」という字が含まれています。結局、人間は人によって生かされているし、人に恵まれているとどんな困難に遭遇しても「大丈夫」と思えるようになるのでしょう。人こそ自分の財産だし、人によってデザイナー人生が支えられてきた。人のためにならなければ成功ではありません。この歳になって改めてそう感じます。

制限がある楽しさ

「オリジナリティのあるものを自由に創る」が私のモットーですが、一方で制限があるなかでいかにいいものを創るかというチャレンジも、やりがいがあるし、別の楽しさがあります。その最たるものがユニフォームのデザインです。

70年の大阪万博では、先に述べた「タカラ・ビューティリオン」のコンパニオンのユニフォームに加え、「ペプシ館」「生活産業館」のコンパニオンのユニフォームもデザインしました。「タカラ・ビューティリオン」は建築家の黒川紀章さんから、「ペプシ館」は音楽家の一柳慧さんから、「生活産業館」は通産省にいた堺屋太一さんからお声がけいただきました。

それぞれのパビリオンで、建築のコンセプトが違いますから、建築と違和感のないデザインにしようと思いました。タカラ・ビューティリオンは、黄色を基調としたパンタロンスーツにリバーシブルのマント。ペプシ館は、赤を基調とした超ミニスカート。生活産業館は白と紺色を基調にし、ネクタイと膝下までのストレッチブーツに。いずれも、その時代のモードを反映したユニフォームをデザインしました。

ユニフォームとはちょっと違いますが、2000年7月に開催された九州・沖縄サミットの際に、各国首脳に着ていただく「かりゆしウェア」をデザインしたのも私です。沖縄のかりゆしは、「ハワイのアロハシャツに負けないシャツを」ということで、「おきなわシャツ」の名でスタートしたウェアです。ついアロハと呼んでしまう人もいたようですが、アロハはあくまでアメリカのものなので、サミットではその名前は使えません。そこでサミットに向けて再度名前を検討して、「かりゆしウェア」になりました。

サミットの写真を見ると、かりゆしを着たアメリカのクリントン大統領、フランスのシラク大統領、イギリスのブレア首相、森首相などに交じって、ロシアのプーチン大統領の姿も見えます。そのなごやかな雰囲気の写真を久しぶりに見直し、しみじみ月日の流れを感じました。

「勝負服」は最大の褒めことば

私は普段から、1日に数回、服を着替えます。朝、ジムに行くときは気楽な服、昼は仕事モードの服、夜はディナーや会食向けの服といった具合です。着替える前には必ずシャワーを浴び、気持ちをまっさらにします。

服というのは、人の気持ちや行動をかなり左右するものだと思います。着るもので雰囲気が変わるのはもちろん、気持ちも切り替えられる。「なにを着るか」は、大袈装ではなく、その人の人生に大きく作用すると考えています。

「この一着があればやっていける」という気分にさせてくれて、まとった瞬間から人生にプラスの影響を与えるような服は、誰にとっても必要ではないでしょうか。勝負服とは、その人の生き方が決まり、自信に繋がる服。人生の助けになる服です。

私はときどき、「勝負服は名刺より大切よ」と言います。ファッションは、自己プロデュースのひとつだからです。もちろん男の人にもそういう一着が必要だと思います。ですから私は、メンズファッションにも力を入れてきました。

一方で、着心地も大事です。どれだけデザインが気に入っても、見た目がよくても、着心地が悪ければ気分は上がりませんよね。着心地とは、居心地と言い換えてもいいかもしれません。その服を着ていると、なんとなく居心地がよくなり、自信に繋がり、心が自由になる。それが私の目指す服です。

新しい服を手に入れると、「これを着てあそこに行こう」「誰と会おう」と、新しい未来のイメージが湧きませんか？　私は、ファッションは未来を作るものだと思っていますし、そういう仕事をここまでずっと続けることができて本当に幸せです。

今が一番若い

それにしても、年月がたつのは早いですね。今は3人の孫がいて、一番上の孫はもう成人しています。孫たちは私のことを「ジュンコ」と呼び捨て。一緒に海外旅行にも行くし、楽しくやっています。

一番上の孫とトルコに行ってきたのは、映像でカッパドキアの風景を見て、「なんて不思議なんだろう」と思い、どうしても実物が見たくなったから。私は好奇心が旺盛で、おもしろいと感じたら、すぐ飛んで行きたくなります。次はエジプトに行きたいな。旅で得たインスピレーションが新たな創造の刺激になることは、初の中国旅行でも経験していますし、動くことが運を開き、オリジナリティの泉にもなります。

これをやってみたい。こうなるといいな。あそこに行ってみたい――まずは、「思う」がなければ、なにも始まりません。そして思ったら、口に出すことも大切です。私の母は、NHKの受信料を集金に来た人に、「私もテレビに出られへんかな」と言っていました。そうしたら不思議なことに、朝の連続テレビ小説『カーネーション』

のモデルになれたのですから。

そして好奇心を失わないこと。好奇心や思いがエネルギーとなり、新たな出会いが生まれ、物事が動いていく。好奇心のおもむくままに行動すると、年齢なんか忘れていつもイキイキとしていられます。

生きているなかで、一番若いのは「今」です。将来から見ると今が一番若いのです。昔を振り返って、「あの頃はよかった」なんて過去に執着したところで、戻れるわけではなし。私は今も「この先」のことしか考えていません。25年に55年ぶりに開かれる大阪・関西万博でもボランティアの人が着用するユニフォームのデザインの監修を務めますし、やるべきこと、やりたいことは限りなくあります。

何事も一番若い「今」こそ、スタートのとき。明日になったら、24時間分、年をとってしまいます。だから、やりたいことは「今」、「今日」やり、行きたいところがあったらすぐ実行に移す。躊躇しているヒマはありません。今スタートしなければ——

そういうマインドが若さの秘訣ですね。

III

コシノミチコ

MICHIKO KOSHINO

世の中にないものを
作り続ける

食うに困ってデザイナーに

とにかく日本を出よう

単身でロンドンに渡ったのは１９７３年、30歳のとき。あのとき思い切って日本を飛び出さなかったら、今の私はいませんでした。

ロンドンへは、とくに目的や計画があって行ったわけではありません。英語もまったく喋れないけれど、行けばなんとかなる。なにができるかは、行ってみなきゃわからない——そんな思いで、とりあえず日本を出ました。日本にいると、一生、お母ちゃんや姉ちゃんたちの手伝いをする人生になりそうで、それはイヤだったの。

それに、デザイナーになるつもりなんかまったくありませんでした。私は姉ちゃんたちとは違って、ずっと軟式テニスばっかりやっていたから。自分で言うのもなんですが、子どもの頃から運動神経は抜群。どんどんテニスが強くなり、高校はテニスの強豪校に進み、短大のときに全日本学生選手権大会のダブルスで優勝しました。

でも、テニスは「学生時代の華」だと思っていたから、日本一になったのを機にきっぱりやめたの。ラケットも、戦略や自分が構築した理論を書いたノートも、全部後輩にあげてしまった。トロフィーも、もういらんわと思って学校に置いてきちゃった。

卒業前に実業団からの誘いもかなりありました。ある日、私が出かけているときに岸和田の家の前にめちゃくちゃ高級な車が止まり、某企業の社長さんがお花とケーキを持ってやって来たそう。自分の会社のチームに入ってアジア大会に出てもらいたいって、直談判に来たんです。でもお母ちゃんはひとこと、「あの子、行かへんよ」。そして「でも、花とケーキは置いてってって」。お母ちゃん、おもしろいでしょ。

テニスをやめたからといって次になにがしたいという目標はなかったから、お母ちゃんの店のデリバリーと集金を手伝いながら、たまに東京に行ってジュンコ姉ちゃんの仕事を手伝ったりもしてました。外回りの仕事は好きだし、お客さんと話すのは楽しかったけど、さすがに30歳を目の前にしてこのままではアカンと思ったんです。

イギリスに行ったのは、姉ちゃんたちの知り合いがおらんところやから。パリにはジュンコ姉ちゃんの親友の高田賢三さんがおるし、ニューヨークにもジュンコ姉ちゃんと仲良しのヘアデザイナーの須賀勇介さんがいます。パリやニューヨークで貧しい恰好してうろうろしているのを知られたら、絶対、あくる日には姉ちゃんの耳に入るに違いない。それはイヤやから、姉ちゃんたちとまったく関係ないところに行きたかったの。イギリスの音楽が好きだったのもロンドンを選んだ理由のひとつです。

初めて稼いだ2ポンド

ロンドンに着いたのは11月末。イギリスの冬は、あんなに早く日が暮れるとは知りませんでした。午後3時半には日が落ちるので、11時くらいに起きたら、2、3時間で薄暗くなる。「やばい！　もう1日が終わった」みたいな気持ちになって、さすがにちょっと焦ったし、どう過ごすか真剣に考えなくてはいけないと思いました。

それで少しの間、ホテルの清掃係の仕事をすることにしました。時給2ポンド、当時の日本円にすると１３００円くらい。他人からお金をもらうのは初めてだったのでうれしかったけれど、20代からデザイナーとして活躍してる姉ちゃんたちが知ったらきっと呆れるやろうなと思いました。

空いてる時間は、街をうろうろしていました。お気に入りは「ビッグ・ビバ」という大きなデパート。アールデコ様式の素敵な建物で、ファッションブランド「Biba」や、おしゃれなレストランやティールーム、小物のお店なんかも入っていました。トップフロアにはステージがあって、バンドの演奏を聴くのが楽しみやった。

ただ、なにせお金がありません。スーパーマーケットに買い物に行ったら、基本的なものを買うだけで8ポンドくらいかかってしまう。日本を出るときお母ちゃんが100万円持たしてくれたけれど、アパートを借りるのにお金もかかったし、2、3ヵ月で底をつきそうです。これからどうやって暮らしたらええんやろうと思っていたら、3ヵ月目にお母ちゃんがロンドンに来ることになったので、「やっぱり親や。やったぁ！」と思いました。

ところがお母ちゃん、帰国する段になってもなにも渡してくれません。「なんか忘れてへんか？」と聞いたら、「なんや」。「お金」と言ったらポケットを探して、「さんざん買い物したから、これしか残ってへんわ」と29ポンド渡してきて、「ほな帰るわ」。あれにはガックリきました。そして、これは死ぬ気でなんでもせなあかんと、心を引き締めました。

デザイナー募集の面接へ

どうしようかと考えていたら、たまたま知り合いになった人から、「デザイナーを探している人がいるよ」と聞いて。子どもの頃から、お母ちゃんに「ミシン弄《いろ》ったらあかん！」なんて言われながらお店の人たちが仕事をしているのをずっと見ていたし、短大卒業後は手伝ったりもしていたから、服のことやったらできるかもしれないと思ったの。それで早速面接に行ったら、パターン（型紙）を作れるかと聞かれたので、1回もやったことないけど、「できます」と答えました。すると1体につき30ポンド、どのくらいで20体できるかと言われたので、ハッタリきかせて「2週間くらいでできます」って。

「2週間なんて言うてしもうた。ヤバッ」と思ったけれど、パターンはちっちゃい頃から見慣れているし、自分の持っていた服を解体してそれをベースにしたらいいだけのことやと思いました。実際、やってみたらぜんぜん難しくない。頑張って期日内に

20体こなして、その会社の仕事はそれでやめました。

パターンが作れたので度胸がついたんでしょうね。とにかく働かなくてはまずいと思い、デザイナーを募集している会社の面接に行くことにしました。面接を受けに来ているのは、国立のロイヤル・カレッジ・オブ・アートやセントラル・セント・マーチンズなど、有名なデザイナーを輩出してきた大学を出た人たちで、みんな立派なファイルを持っています。ところが私は見せるファイルも何も持ってないから、手ぶら。順番待ちで座っていたら、面接官も、「この人、いったいなんやろうか」みたいな顔で私のほうをちらちら見るんです。

私の番になって、「なにも資料がないのに、どうやってあなたを評価すればいいの?」と言われたから、「じゃあ、明日もう1回来てもいいですか?」とお願いしました。そして翌日、ジュンコ姉ちゃんのファッションショーのビデオを持っていって見せたら、「なかなかいいね。これ、あなたの?」と。「NO! でも姉と一緒に働いていたし、うちは家族全員デザイナーだからテイストを見てほしい」と答えました。

あくる日、スタジオに来るようにと連絡があり、行ったら「あなたを採用することに決まりました」。「やったぁ！　これで食べていける」と思いました。スタジオを見せてもらったら、それほど広くなく、カッティングテーブル（作業台）があってマシーニスト（縫い子さん）がいて、お母ちゃんの仕事場とレイアウトがよく似てる。懐かしい気分になり、これなら大丈夫とほっとしました。

スタジオで働いている人がもたもたピン打ちしているのを見て、思わず口から出た言葉が「あの人より私のほうができるよ」。お母ちゃんの店で見ていたプロのピン打ちは、ほんまにすごかったですから。私も感覚的にわかっているし、反射神経が人よりすぐれてるから、この人たちには負けへん、楽勝やと思いました。提示された条件は、週給40ポンド。家賃分を引いてお米と豆を買ったらほとんど残らない額ですが、これで1週間なんとか生きていけると思いました。

英語は、高校時代もテニスに明け暮れていたので勉強もろくにしなかったけれど、半年くらいでなんとか聞き取れるように。そして、めちゃくちゃかもしれないけれど喋れるようになりました。喋らないと仕事ができませんから。このときも、文法なんか気にせず「捨てる生地ありませんか？」と聞いたら、「そこいらにある仮縫い用のシーチング生地、いくらでも持っていっていいよ」。

そこで毎日3メートルくらい生地を持ち帰り、染め粉を買って、自分で染めてアイロンをかけてカットし、何体も服を作りました。するとその店の店員でモデルもやっている人が、「最近入った子、カワイイ服を作るよ」とオーナーに言ってくれた。オーナーも気に入ってくれて、3週間で展示会用のサンプルを1コレクション作ってほしいと言われました。私はもちろん「OK」と答えます。間に合うだろうか、できなかったらどうしよう、などとは考えません。そのサンプルを展示会に出したら、ものすごく売れて、ファッション雑誌『VOGUE』でも取り上げられました。

こんな感じだから、「なんでデザイナーになったんですか?」と聞かれたら、「食うに困ったから」と答えています。これ、ほんまのことやから。

「ミチコ・カンパニー」を設立

初めて展示会に出した服が評判になったことで、別の会社からヘッドハンティングされました。ところがせっかく脂が乗ってきたなと思った矢先に、計画倒産することになったからやめてくれと言われたのです。それならいっそこの際、独立しようと思い、76年に「ミチコ・カンパニー」を設立しました。会社設立にあたって私が決めたのは、「世の中にないものを作る！　それをず〜っと続けよう」。

お母ちゃんは、私がデザインの仕事をするようになったことに本当に驚いていました。そして、なにも助けてあげられないけれど、最初のコレクションで作った服を30着買うと約束してくれたんです。

資金がないから、いかにお金をかけずにカワイイものを作るかに徹するしかありません。そこで最初のコレクションでは、イギリスのアーミー（陸軍）が使っているブランケットで服を作りました。ブランケットは１００枚単位でしか売ってくれませんが、１枚１ポンドなので、１００枚でもたった１００ポンドです。たぶん有名な大学のファッション科で勉強してきた人たちは、安いブランケットで服を作るなんて思いつかないはず。ただ糸の撚《よ》りが甘いから、そのまま袖付けをしたらすぐ外れてしまいそうだったので、他の生地で補強するなどいろいろ工夫をしました。

その服を30着、お母ちゃんのところに送ったら、お客さんたちが「こんなん見たこない」「カワイイ」と褒めて、買ってくれたそうです。でもしばらくすると、お客さんが次々と「袖、取れた」と持ってくる。お母ちゃんはジャージーを縫いつけて、上手に直してくれたみたいで、「袖取れたんを直すのに1ヵ月かかったで。ほんま、あんたにはエライ目におうたわ」と言われました。

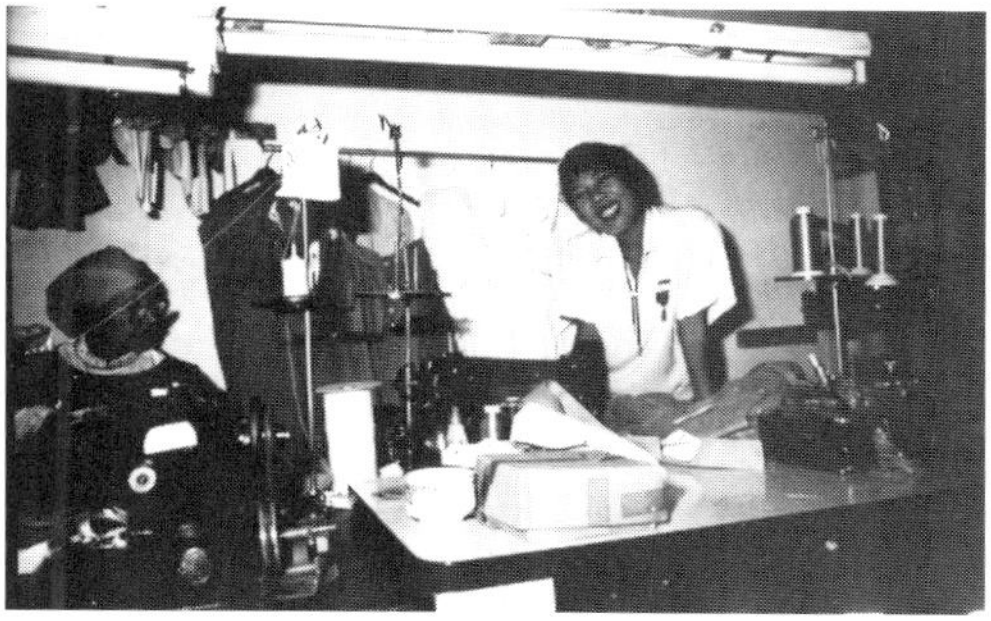
「ミチコ・カンパニー」を立ち上げた頃。ガレージをアトリエにして、服を作っていた

誰もやったことのないことをやる

初コレクションの評判はよかったのですが、問題はイギリスの縫製のレベルが低いこと。ステッチがひどいから、自分でほどいて縫い直して、アイロンをかけてデリバリーしなくてはいけないんです。これでは、時間がいくらあっても足りません。そんな状態が2シーズン続き、「イギリスってどうなってんの？　こんなテクニックがゼロみたいなところで、どうやっていけばいいの？」と悩みました。

そこで次のシーズンに、１００％コットンの生地で服を作り、「ハンガーにかけずに山積みにしてちょうだい」と言いました。洗ってそのまま山積みにすると、生地がシワシワになって、ステッチの粗さが目立たないんです。これが大ヒット。今に続く「シワ加工」という言葉が生まれました。悩んだ末に苦肉の策でやったことが、新しいファッションとして評価されたわけです。まさに「ピンチはチャンス」。アイデア次第で世の中にないものはいくらでも作れるし、新鮮だから注目もされます。

「シワ加工」と並んで、われながら画期的だったと思うのが「シャンブリック生地を使ったコレクション」。デニム風の生地をいったん染めてから、ブリーチをかけて色を抜いていき、その上にプリント加工を施します。染色の職人さんに「ブリーチ入れて色を落として」とお願いしたら、「こんなにきれいに染まっているのに、なんで色を落とすの?」とびっくりされたけれど、「もっと落として！」って言ってね。そうすると、ちょっと使い古したような雰囲気だけど、なんとも言えない味わいが出る。しかも洗いにかけることで、生地がふわっとして、すごく着心地がよくなるの。

私はなにか新しいことを思いつくと、寝るのを忘れるくらい熱中してしまいます。

体力には自信があるので、徹夜もへっちゃら。いろいろ実験して試作するのが楽しくて、「よ～し、やったるで！」と、どんどんエネルギーが湧いてくるんです。今でこそブリーチ加工やダメージ加工は当たり前になったけれど、当時は誰もやっていなかった。「シャンブリックのコレクション」も、おかげさまで大当たりしました。

シャンブリックに関しては、こんな笑い話があります。82年に「御堂筋ファッションフェア'82」が開かれた際に、御堂筋のなかほどにある南御堂（東本願寺難波別院）の境内に設置された大型テントでコシノヒロコ・ジュンコ・ミチコ三姉妹のジョイントファッションショーを行ったときのこと。まさか姉ちゃんたちと3人でショーをやる日が来るなんて想像もしていませんでしたが、シャンブリックの服を見てヒロコ姉ちゃんはひとこと、「何？　このボロボロの服」。いかにもヒロコ姉ちゃんらしいと思いました。

パートナーの助けも借りて

話は少し戻りますが、イギリスに渡って1年半くらいしてから、30年代のアンティーク・スカーフを売っているピーターというイギリス人と出会いました。テキスタイルがきれいなのでときどき見に行っているうちにつきあうようになり、結婚。彼が私のマネージメントをしてくれるようになったのです。

パリのファッションウィークに、イギリスのデザイナーが出品できるブリティッシュエリアという展示エリアが設けられますが、そこはイギリス人しかブースを出せません。でも私の場合、ピーターがイギリス人だったおかげで、ブースを出すことができた。デザインが認められ始めたタイミングでそういった機会が得られたのは、本当にラッキーでした。

年末から年始にかけては、毎年ピーターとインドのゴアに遊びに行きました。ゴアはインドがイギリスから独立した後もしばらくポルトガル領だった土地で、ヨーロッパ風の建物もあり、ヒッピーの聖地みたいなところでした。アメリカから来ている家族とも仲良くなり、毎年一緒に過ごしました。ピーターはお父さんがイタリア系なのでラテン的なノリのよさもあるし、いろいろな人とすぐ友だちになるんです。

そんなピーターとの結婚生活は、18年ほどで終わりました。私がどんどん忙しくなって海外を飛び回るようになり、彼に目を向けるのを忘れてしまい、なんとなく関係がずれていったんです。ピーターは離婚したらまさに「フリーダム！」という感じで、フランスの友だちのところに行ったり、ギリシャのオリーブ畑で働いたり、あちこち旅して。本当に自由な生き方をするようになりました。今も一番親しい親戚のおじさんのようで、イギリスにいるときは2日か3日に1回は一緒にご飯を食べています。

インフレータブルが大ヒット

イタリアに活路を見出す

「ミチコ・カンパニー」を設立して4年たつと、注文の量もどんどん増えていき、イギリス国内で縫製しているのでは間に合わなくなりました。そこでファッション産業が盛んなイタリアで生産できないかと思い、ピーターと一緒に、組めそうな会社を探しにミラノへ行くことにしました。

ミラノで何日か伝手を頼って会社を探したけれど、いい出会いがなくて。諦めて帰国することになり、空港に行く3時間くらい前にふっと手帳を開くと、「マギー／ミラノ」と名前と電話番号をメモしてあるのを見つけました。ロンドンのファッション・エージェンシーの人の家で出会ったマギーに、「ミラノに来たら電話してね」と言われていたのをすっかり忘れていたんです。

それですぐに電話をして、イタリアの会社と組みたいと話すと、「あんた、今どこにいるの？」。偶然にもホテルとマギーの事務所が同じ通りだったので、すぐに駆けつけたら、デザイナーを探している「シダック」という会社があると、その場で仲介してくれました。

慌ててホテルに戻ると、すぐにシダック社の人が2人やって来ました。そして私が作った服をトランクから出して見せたら、「これ、絶対にイタリアで当たる！」と太鼓判を捺《お》してくれたんです。そこからどんどん話が進み、あっという間に共同で仕事をすることに。もしあのときマギーの事務所が遠かったら、会いに行くのが面倒になっていたかもしれない。つくづく、自分は運が強いと思いました。

イタリアはさすがファッション先進国だけあって、生地の質も染色の技術も本当にすばらしい。それまでシワ加工の製品にはブラジル製の安い生地を使っていましたが、イタリア製の生地にしたら目が細かいしきれいで、一気に格が上がりました。シダック社と提携してクオリティの高い生地を使ったことで、イタリアでも大当たり。何年も続くシリーズになり、「ミチコ・カンパニー」が飛躍するきっかけにもなりました。

シダック社が制作した、本人がモデルの広告。スーツケース1つでイタリアにやって来た姿を再現している

空気で膨らませるコートを発案

「シワ加工」「シャンブリック」に加えて、厚手の生地が持ち味のバルキーコートもヒットし、ものすごい量の注文が来るようになりました。毎日5人くらいのスタッフが布をカットして、縫製が終わったらすぐにドットボタンをつけてもらい、回収してデリバリー。

バルキーコートはふかふかでかさばるので、1つの箱に3、4枚しか詰められません。夜な夜な梱包やデリバリーに追われ、朝の8時から夜中の12時くらいまで働き詰めで、その合間にご飯を食べに帰るような生活でした。

こんなんしてるだけで人生が終わるのはかなわん。どないしたらええやろう——考えているうちにひらめいたのが、空気で膨らませる服です。空気を抜いた状態だとかさばらないので、1箱にたくさん詰めることができ、梱包の苦労から解放される。こうして生まれたのが、「インフレータブル」シリーズでした。

空気で膨らませられる服は、着る人にとってもすごくメリットがある。ロンドンは天気が不安定で、いつ雨になるかわからないし、急に寒くなったりします。浮き輪などに使われる素材を使用したインフレータブルなら、雨が降っても大丈夫だし、空気を入れれば外の空気を遮断するから、着るとすごく暖かい。つまり、イギリスの生活感覚から生まれた服、というわけです。

83年に「インフレータブル」シリーズを発表したところ、大当たり。コート、スカート、ワンピースなどいろいろな服を作り、なかでも「インフレータブル・キャット

1988

耳と尻尾が付いた「インフレータブル・キャットコート」の広告。歌手の忌野清志郎さんもレコードジャケットで着用するなど日本でも話題に

コート」は空前の大ヒットとなりました。一時は、インフレータブルを着ていればファッションチェックがうるさいクラブでも優先的に入れてもらえる現象が起きて、ロンドンのクラブファッションの象徴のようになったほどです。空気を抜いて付属のケースに入れたらリュックサックにもなるの。そこに荷物を入れてしまえばそのまま踊れるから、クラブに遊びに行くのにう

ってつけでした。

ちなみに、86年の日本進出を機に、ブランド名を「MICHIKO LONDON KOSHINO」としました。

大好きな音楽に触発されて

クラブには、私自身もよく行きました。週に3、4回は夜10時頃に出かけて、「次、どこ行く?」みたいな感じで何軒もはしごして、朝の4時くらいまでクラブを回ります。遊びたいからだけではなく、情報を仕入れる目的もありました。今どんな音楽が流行っているのかが、ファッションにも大きくかかわってくるからです。

イギリスの生活で楽しいのは、音楽が常にそばにあること。私が行った70年代半ば頃から80年代にかけて、イギリスでは次々と新しい音楽が生まれ、音楽シーンやクラブシーンはものすごくエキサイティングでした。

70年代初頭に流行ったのが、カラフルなヘアメイクが特徴で、衣装も派手なグラムロック。デヴィッド・ボウイやT・レックスのマーク・ボランなどのスターが登場しました。70年代後半にはセックス・ピストルズが登場し、パンク・ロックがブームに。80年代に入ると、奇抜なメイクと独自のファッションで知られるボーイ・ジョージが脚光を浴びるなど、イギリスでは常にファッションと音楽がお互いに影響し合っています。

かといって意識的にブームを作っているわけではなく、自然な流れで音楽とファッションが影響し合うところがイギリスの魅力。パリはファッションの先駆者だというプライドがあって、自分たちが流行をコントロールして作っていると思っているみたい。そういうお高く止まっているところが苦手で、私の肌には合いません。イギリスの若者文化の感覚でデザインをして、生産は質の高いイタリアで。それが私にとって理想的なやり方でした。

いわゆる高級素材を使ったハイファッションも、好みではありません。お母ちゃんの顧客は関西の名流夫人が多かったので、お店にはものすごく上等のシルクやレースがたくさんあったけれど、そういう生地には興味がないんです。逆に私が注目したのは、ナイロンなどの化学繊維です。もちろんイタリア製の美しい木綿も好きで、それも使うけれど、化学繊維はものによっては軽くて発色もいいし、撥水《はっすい》加工もしやすいというメリットがあります。

それに化学繊維は日々進化している。とくに最近の発展は本当にすごい。新しい素材を生かして、いかにおしゃれでカワイイ服を作るか。それが私のスタイルなの。

世界初、デザイナープロデュースのコンドーム

80年代、エイズ感染が世界的な問題になりました。私のごく身近なところでも、ファッション業界の友人が3人、音楽業界の友人2人がエイズで亡くなりました。

87年にニューヨークで行われたエイズ撲滅チャリティイベントには、世界中のアーティストやデザイナーが参加。私もショーを行いました。また、性交渉の際のコンドーム使用がエイズ予防に役立つからと、「ミチコロンドン コシノ」ブランドのコンドームをプロデュースすることに。コンドームのイメージを変えるには、おしゃれにして、できればお菓子を買うような感覚で気軽に買ってもらいたいと思い、ユニオンジャックなどポップなパッケージデザインにしました。

日本では、コンドームは隠れて買うという感覚の人も多い。でもそうじゃなくて、いつでも買えるようなところにマシン（自販機）があるなど、身近で気軽な存在にしなくてはいけないと思ったの。それで92年に日本で記者会見をしたら、マスコミが70社以上来て、かなり注目を集めることができた。93年には原宿の神宮前交差点近くに「コンドマニア」というお店が登場し、そこにも「ミチコ ロンドン コシノ」のコンドームが置かれ、とてもよく売れました。

日陰のイメージを大きく変えたパッケージ。コンドームが入るポケット付きのジーンズやパンツもデザインした

あの頃、ファッションデザイナーとしての私の仕事は知らず、「ミチコ ロンドン コシノ知ってるよ。コンドームで有名だよね」と言う人もいたくらい。私は「まぁ、あれも着るもんだしね」と答えていましたが。

２０２０年、ＣＯＶＩＤ‐19（新型コロナウイルス感染症）の流行でロンドンがロックダウン

（都市封鎖）となったときは「ピンチは新たな可能性の始まり」と、アトリエで手製のマスクを作り、各方面に無償提供しました。デザイナーとしてできることがあれば社会のためになにかしたいし、それは当たり前のことだと思っています。

「元が取れる服」「気候に合った服」を

私が作る服は値段もリーズナブルで、しかも実用性を兼ね備えています。たとえばレインコートは、軽くて、畳めばコンパクトになる。その上、水を溜めて金魚を入れられるくらいの撥水性があります。しかも、シワになりません。だからバッグに入れておいても邪魔にならないし、１枚羽織れば体感温度が変わるから、雨の日でなくても持ち歩いておけば便利です。

イギリスに比べると日本は蒸し暑い日が多いので、イギリスとはまた違った素材を使ってみるなど、気候風土はすごく気にして作っています。やっぱり環境に合った服でないと、日常的に着てもらえませんから。

一部に光る素材を使ったシリーズは、車のライトが当たると光るので、夜に犬の散歩をするときや高齢の方が外出するときも安全です。リバーシブルの服をよく作るのは、楽しみ方を2倍にも3倍にもしたいから。裏返してちょっとアクセサリーを替えれば、全然違う雰囲気になる。めちゃくちゃお得感があるでしょう。

「これだけ着れたら元が取れるよね」「得した」と言われるのは、私にとっては最高の褒め言葉です。私自身、ものを無駄にするのが嫌い。日常品も衝動買いはしません。何を買うかをちゃんとメモしてスーパーマーケットに行くし、野菜も、今日はキャベツが安いからキャベツ買おう、みたいな感じですから。ファッションも同じ。おしゃれで実用性が高く、価格もリーズナブルだからこそ、イギリスや日本だけではなく、韓国など他の国でも人気が高いんだと思います。

初めて韓国で縦断ファッションショーツアーを行ったのは1988年。ソウルオリンピック記念ということで声がかかりました。当時はまだ韓国ではデザイナーという仕事が確立していなかったこともあって、ものすごい評判を呼び、90年に「ミチコ コリア」を設立しました。今もおしゃれな若者たちが「ミチコ ロンドン コシノ」の服を気に入ってくれて、テレビドラマや映画にも登場したりしているようです。

そういえば最近韓国を訪れた際、入国審査官が私のパスポートの名前を見て「あのコシノミチコさんですか?」と大興奮して、まわりのスタッフに言いふらしていました。そんなふうに言ってもらえると、やっぱりうれしいですね。

信念を曲げたら失敗も

もちろんすべてがうまくいったわけではありません。あるシーズンでは、イギリスのプレスオフィスとうまくいかなくなったこともありました。私のコレクションのPR担当になったファッション業界で有名なプレスの女性が、私のモノづくりの感覚的な部分までコントロールしてこようとしたのです。なんで私のピュアな感覚をPRせずに、注文ばかりつけてくるんだろう。もやもやしましたが、なにせ相手は大御所なので、我慢してなるべく要求を呑むようにしたところ、そのシーズンのコレクションは大失敗。あまり注文も入らないし、経営的にもピンチに陥りました。

けっこうな損失が出ましたが、私はそのコレクションは「フォゲット・イット!(忘れよう)」と決めて、服も一切見ないことにしました。そして、一からやり直そう

韓国縦断ファッションショーツアーはソウルからスタート。舞台にDJブースを設置し、音楽とファッションを融合させた

と思ったんです。その経験を通して、自分が満足していないと物事はうまくいかないし、絶対に妥協してはいけないと学びました。

それからは、自分が認めたもの、自分が追い求めているものに向かって、揺るがずに進んでいくようになりました。私は海外で仕事をしていることもあり、ライバルは世界のデザイナーたちです。そのなかで勝ち残っていくためには、自分を信じる力が大切です。

ファッションの仕事は、常に3年先を見据えていなければなりません。そのために今まで自分がやってきたことを壊す勇気も必要だし、いつも数年先のことを考えているので、フューチャー（未来）しか見ない。いつもフューチャーを追い続けているんです。ですから失敗してもくよくよしたり立ち止まったりするヒマはありません。

ピンチが訪れると、乗り越えるためにはどうしたらいいか、いろいろ考えなあかんことが増える。それを乗り越えると、ものすごく力がつきます。ピンチこそ可能性を開く扉だと信じているから、なにがあっても落ち込んだりくよくよしたりせず、元気でいられるんだと思います。

負けてられへん。前進あるのみ

英国ファッション協会に加盟

「だんない」は、岸和田弁で「大丈夫」の意味。なにか困難があっても、イヤなことがあっても、私はいつも「だんない、だんない」と思ってきました。

外国人、それもアジア人ということでの差別はいくらでもあることなので、「だんない」と思って気にしないに限ります。気にしたところで疲れるだけですから。そして私は、そこからもう一歩先に行く。学生時代は勝ち負けの世界で生きてきましたから、「絶対、負けへんで」と気合いを入れるんです。

負けていないことを示すためにも、私は絶対に英国ファッション協会（British Fashion Council）に加盟してみせると目標を立てました。英国ファッション協会は、世界に向けてイギリスのファッションを発信するための団体で、年に2回、ロンドン・コレクションも開催しています。加盟しているのは、たとえばバーバリーなどイギリスで名高いブランドだけ。イギリスのデザイナーにとってもハードルが高い団体なので、普通だったら日本人の私が入れるはずがない。でも私は、絶対ここに加盟しようと目標を立てたのです。

そのために必要なのが「世の中にないものを作る」だったし、それをヒットさせることでした。幸い次々と新しいものを発表でき、イタリアなど海外でも高い評価が得られたので、その成果が認められて87年に英国ファッション協会に加盟できました。

ロンドンで初めてパターンを作る仕事をしたとき、できるかどうかわからないけれど、「2週間で20体」と高いところに目標を置きました。そうやってまず、実力より少し高めの目標を作り、辿り着くように頑張る。それが私のやり方だし、パワーの源です。

たぶんそうしたやり方は、テニスを続けるなかで身につけたんだと思います。絶対に日本一になってみせると、ちょっと無謀な目標を立てて、そこに向かっていきましたから。すると目標に辿り着くために、練習法や試合の戦略、手強い相手の攻略法をものすごく考えるし、「やったるで!」と元気も出ます。その精神を持ち続けたからこそ、この歳までイギリスを拠点にデザイナーを続けていられるのだと思います。

ファッションの家に生まれた自負

イギリスで活躍しているデザイナーの多くは、有名なデザイナーを輩出してきた大学や大学院を卒業しています。一方私は、ファッションの学校を出ていません。でも、そのことで引け目を感じたことはないの。私は姉ちゃんたちと違って絵を習いに行ったこともないけれど、デザイン画は自然に描けるようになった。

イギリスのデザイナーたちに対しては、「あの人たちと私とでは、持ってるものが違う」と思ってきました。私はファッションの家に生まれて、小さいときからその環境にいたから、まったくそうした環境に身を置いたことがなく、大学に入ってアカデミックな勉強をすることからスタートした人とは、根本が違うという自負がある。

逆に学校に行っていないことが、強みでもあるとも思います。学校ではファッションの流れについても勉強するけれど、そうすると、この色が流行ると翌年はこんな色が流行るといった具合に、ついそのセオリーに当てはめがちです。でも私はセオリーとは関係なく、自分の感覚を信じて「一発かましたれ！」精神で、「誰も作ったことのない、みんなを驚かせるものを作ろう」と思ってアイデアで勝負してきました。

もちろん、現場で学んだこともたくさんあります。プレスの人から「流行と逆行してるよ。もっと研究したほうがいい」と言われて、自分なりにファッションの流れとはどういうことかを考えたこともある。ファッションの世界では、常に3年後を考えて作り始めないと間に合わないのですが、3年後に照準を合わせるには、今流行っているものを打ち消さなくてはいけないということにも気づきました。人から教えてもらうのではなく、経験のなかから自分で方法論を見つけて摑み取るほうが身につくし、結果的にそれが力になると実感しています。

他人の嫉妬は気にしない

デザインを盗用されたこともあります。ロンドンのファッションウィークでは、全員イギリス人のなかで日本人は私一人。その私のブースに、イタリアからバイヤーが大勢やって来るわけです。近くのブースのデザイナーが「よく売れてますね」とか愛想のいいことを言っていたけれど、その後シワ加工を真似され、しかもＰＲの人たちが「イギリス人が初めて開発した」と宣伝したの。

大きな会社に真似されたら、私のカンパニーみたいな小さなところはひとたまりもありません。何万枚も作れるところが、結局ビジネス的には勝利を収めるんです。オリジナルは私だとみんな知っているけれど、真似した技術で有名になっていくデザイナーや、儲ける会社もあるわけです。でも、それは仕方ありません。だったらもっと新しいことをやるまでです。「まだなんぼでもアイデアあるわ」と気持ちを切り替えて、前に進みます。

これもやっぱり、テニスで培われた考え方なんかな。40対30のマッチポイントで決着がつかなくても、絶対チャンスはあるはずだと信じていたから。そんなとき、わーっとファイトを出すと、ツキが回ってくる。そういう経験があるから、真似されたときも、「これ、マッチポイントで取られたときの気持ちやな」と思うと、「やったる！」「絶対、負けへんで！」と力が湧いてくる。そうなるとツキが回ってきて、形勢がガラッと変わる。その瞬間が、なんかわかるんです。

2013年には、イギリスのヴィクトリア&アルバート博物館で行われた「クラブからキャットウォークへ　ロンドン1980年代のファッション」という展示で、日本人として唯一、私の服が展示されました。しかも入り口からすぐの場所のど真ん中。イギリス人デザイナーのなかには、「ノット・フェア（不平等だ）！」とすごく怒った人もいたし、私を見る顔つきも不満げで、プイッという感じの人もいました。なんで外国人の服を一番に出すんだ、おかしいじゃないか、ということでしょう。要は嫉妬です。でも私は気にしません。「あんたらも、とてつもないもの作ったらええやん」と思っていますから。

とにかく歩く

大人になってからの時間で考えると、圧倒的に日本よりもイギリスでの生活のほうが長いことになります。日本に戻ってくるのは、年に2回。お母ちゃんの命日が3月26日なのでその頃と、そして9月の岸和田だんじり祭の時期。

たぶん、イギリスの生活が自分には合っているんでしょうね。それにロンドンにいると、イタリアにもフランスにも1時間で行けるし、世界的な視野で仕事をする上では、日本にいるよりずっと便利なんです。

元気に仕事を続けるには、やっぱり健康と体力が必要です。だからといって、特別なことはしていません。一時期近くのジムに行ってみたのですが、テニス選手時代の筋肉貯金があるからなのか、ちょっとトレーニングするとすぐムキムキになってしまう。それはファッション的によくないなと思い、ジム通いはやめました。

身体を動かすといったら、もっぱら歩くこと。日曜日、地下鉄のオックスフォード・サーカス駅から出発して、デパートのリバティ・ロンドンやいろんなお店を回って、ゲイエリアも覗いて。途中で会員制クラブのソーホーハウスに寄ってお茶を飲んだりもします。歩いていろいろなお店を回るとリサーチにもなるし、なにより楽しい。だいたい昼頃に家を出て、戻るのが午後6時頃。歩数を数えたことはないけど、かなりの距離だと思います。脚はものすごく強いので、いくら歩いても平気です。ロンドン市内の住民は60歳以上は地下鉄がタダだから、歩き以外の移動はすべて地下鉄を利用。タクシーには乗りません。もったいないから。

「楽しく食べる」が元気の源

ロンドンにいるときは基本、自炊です。ノッティングヒルに家があるけれど、そちらは近所の工事の影響で住みづらくなったので、スタジオがある建物に住居エリアとキッチンを作り、今はそこで生活しています。おかげで仕事の途中でも料理ができるし、便利です。

朝食は8時半くらいに、コーヒーとあまりお砂糖の入っていないビスケットですませて、昼食は和食が多いかな。料理は得意で苦になりませんが、スタッフのイタリア人の男性がときどきランチにイタリア料理を作ってくれるので、それも楽しみにしています。

スタジオの一角にある作業場には多いときは30人くらい縫い子さんがいて、誰かの誕生日にはティータイムにケーキで祝っていましたが、あまりにも頻繁に誕生日パーティーがあるので、さすがにコロナの時期にこの習慣はやめました。

夕食は野菜料理中心で、おかずをたくさん作ったときはスタッフや近所の友だちにわけてあげる。ときどき友人を呼んで、お好み焼きや鍋でパーティーをすることもあります。テーブルの天板をはずすと立派な鉄板が仕込まれていて、プロのお好み焼き屋さんみたいな大きなレンジフードもある。その横に鍋エリアも。「お好み焼きするよ」と呼びかけると、あっという間に30人くらい集まる。具材のリストをあらかじめみんなに渡しておけば、次はイカ、エビ、天かす、豚……なんて感じで叫んでくれるので、私はせっせとお好み焼きを焼きます。一通り焼き終わったところで、残った具も全部入れて、ドカーンと焼きそば。毎回、大好評です。

鍋料理で得意なのは、鮟鱇《あんこう》鍋。鮟鱇は北国の魚で、スコットランドあたりでよく獲れるから、市場でけっこう安く売っているの。鍋に使う豆腐や白菜、大根、えのき茸、しいたけなどは、中国食材のお店で手に入ります。

自慢のたれは、お母ちゃん直伝。思いっきりたくさん大根をおろして、みりんとお酒、本当はダイダイかスダチを搾るんだけど、それはないからすし酢とレモンを少々。そこにカツオだしの素を少し入れて、醤油で味を調えて、ネギ、大根おろし、七味をたくさん入れるのがポイントです。もてなし好きはお母ちゃん譲り。わいわい喋りながら友だちと食べると楽しいし、元気が出ます。

それと2年前から猫を飼い始めたら、かわいく

陽光がさんさんと差し込む広いワンフロアーのスタジオは、3分の1が事務スペース、3分の2が作業場になっている

てかわいくて、めっちゃ元気をもらってます。ただ、夜中の3時半くらいに起こされるのには参りますけど。

以前は、明け方までクラブで遊んでいたけれど、今はイギリスでもクラブシーンは沈んでいるし、若い人もあまり夜中まで遊ばなくなりました。私も気づいたら、めちゃくちゃ健康的な生活をしています。でも年齢を重ねつつ長く仕事を続けるには、それも大事なことかもしれません。

ノリのよさを忘れずに

ある日、近所のコーヒー店に行ったら、そこで働いている人たちが「ミチコ、この近くでお米を食べたい。なんか、お店やってよ」と。私がノリで、「じゃあ、すし屋はどう?」と言ったら、「やって、やって!」。スタジオのあるビルの1階は、展示会やイベントに使うけれど、普段はあいています。もしかしたらそこで店をやれるかもしれない。その足で行きつけのすし屋に相談に行ったら、翌日スタジオまで来て、「このあたりをリサーチして帰ります」と言ってくれました。

その翌日また来て、「このあたり、めちゃくちゃいいですよ」。なんとその場で、すし屋をオープンすることが決定。私は「すし屋いうても、私がオーナーなんやから、格子戸とか竹とかもろジャパニーズなインテリアにはせぇへんよ」と宣言しました。

その日からインテリアデザインに取り掛かり、鉄のテーブルやファッショナブルな照明を備えた、めちゃくちゃおしゃれな空間にし、なんと3週間後には「Ｍｉｃｈｉｋｏ Ｓｕｓｈｉｎｏ」がオープン。２０１６年のことです。

とんとん拍子で開店した「Michiko Sushino」。カウンター席は作らず、48席の鉄素材のテーブル席のみ

私は味にはちょっとうるさいので、数日に1回はまずカッパ巻きを食べてチェックします。カッパ巻きはお米の味がよくわかるから、すし酢の加減やお米の炊き具合を確認できる

んです。

ロンドンにいれば、土曜日はたいていそこで食事をとります。ファッションも飲食業も、やっぱり隅々までちゃんと目配りするのが大事。ノリのよさと勢いを最大限生かしつつ、細部をしっかり見て、チェックを怠らない。それが私の仕事のスタイルですから。

常に未来だけを見る

私の根本に流れているのは、言うたら「だんじりスピリット」（笑）。岸和田のだんじり祭では、大きなだんじり（祭礼の際に曳く地車）を1つの町で500人以上、大きいところだと1000人くらいの人が曳いて走る。角を曲がるときもスピードを落としません。けっこう荒いお祭りで、とにかく勢いがあるんです。子どもの頃からそのなかにいたから、なんだか祭りの勢いがずっとつきまとっているみたいな感じ。だから知り合いも誰もいないロンドンにポッと行っても、やっていけたのかもしれない。

だんじりの期間中には、姉ちゃん2人とそれぞれの友だちを岸和田のお母ちゃんの家に招いて大騒ぎ。06年にお母ちゃんが亡くなってからそのままだったのを、最近、私がリノベーションしました。山積みになっていたモノも片づけて。お母ちゃんが大事にしていた明治時代の桐のタンスは洗ったらすごくきれいになったので、それに合わせて、倉庫のようになっていた部屋で見つけたテーブルを置き、床の間の横の違い棚にボトルを並べてバーにしました。日本建築の欄間も、改めて見たらすごくカワイイ。祭りが近くなったら、床の間に大きな枝ものを生けてもらって、わ〜っと森みたいに飾っています。

バーの隣の部屋の大きな押し入れを利用して、カーテンや電源などをつけたベッドも作ったし、布団もあるから4人は泊まれます。これなら車で来れるし、終電を気にせずに心置きなく夜を過ごせるでしょ。家を活用したら、タンスも笑顔になったようだし、きっとお母ちゃんも喜んでくれてるはず。

ちょっとクラシックな照明もつけて、「明治館」と命名。めちゃめちゃおしゃれになったので、姉ちゃんたちが来たとき「こんなんしたよ」と言ったら、「いいね」のひとこともなく、「フン！」で終わり。でも、絶対泊まりに来るはず。

岸和田の人はよく、「一発かましたれ！」とか「やったもん勝ちや」なんて言うけれど、私の人生はまさにそんな感じ。どんな困難に見舞われても、「負けてられへん」と、かえってパワーが出る。そしてだんじりは、基本、前にしか進みません。他の町の地車と鉢合わせになったら、ぶつからないよう少しだけずれることはあるけれど、常に前進するのみ。それは、私の生き方の根本です。私の人生、常に「前進、前進！前に進むのみ」です！

「失敗するほど成長できる」

三姉妹トーク

KOSHINO SISTERS' SPECIAL TALK

ヒロコ　3人の本を出版するのは初めて。今回、自分の歩んできた道を振り返っていくなかで、いろいろなことを思い出したわ。

ジュンコ　確かに、これまでたくさんの経験をしてきたけど、昔も今も性格は変わらないなと私は思った。

ミチコ　私もそうやな。

ヒロコ　写真もきれいに撮ってもらって嬉しいわ。

ミチコ　なんや、自分じゃないみたい。

ジュンコ　3人が揃うことは珍しいから、貴重よね。そういえば撮影中に「仲よさそう」って言われたでしょ。私とお姉ちゃんはライバルだったけど、ケンカしているわけじゃない。（笑）

ヒロコ　その通り。（笑）

ミチコ　私は、どちらとも仲がいいけどな。

ジュンコ　よく3人の共通点を聞かれるんだけど、なんだと思う？

ミチコ　なんやろ。

ジュンコ　親が一緒。（笑）

ヒロコ　当たり前や。同じ親からまったく違う個性の3人が生まれたけれど、みんなお母ちゃんの性格を受け継いでいる。

ジュンコ　私たちの「人が好き」「食べるのが好き」っていうのは、お母ちゃん譲り。

ミチコ　そうね。いっぱい人集めて、料理もぎょうさん作って……。

ヒロコ　だんじり祭のときなんて、岸和田の家に300人くらいは来てたんじゃない？

ミチコ　昔はワタリガニがよう獲れたから、お祭りのときは必ずカニでおもてなししてたね。お母ちゃんが私たちに「はよ食べや」って言うから、カニを食べさせてもらえるんかと思ったら、ご飯にカニのゆで汁をかけたものだった……。

ジュンコ　「カニはお客さんだけ。子どもたちはお汁を飲み」言うて。あれもおいしかったけど。

ヒロコ 祭りの粋さや激しさも、身体に染み込んでいるわよね。

ジュンコ 後ろなんて振り返ったことない。

ミチコ ジュンコ姉ちゃんは、祭りのとき家にほとんど帰らんと、3日間ずーっと綱曳いてた。

ヒロコ 私は家族に見られるのが恥ずかしくて、家の手前で綱を離れて、家を通り過ぎてからまた曳いてたけど。

ミチコ 私も中学2年まで、3日間ずっと曳いて走ってた。だから、うちら脚は強いねん。

ジュンコ 気も強いけど。(笑)

ヒロコ 私たちの人生も波瀾万丈ではあるけれど、お母ちゃんなんて、朝ドラや映画の題材になるんだから大したものよね。

ジュンコ 仕事熱心、遊ぶことにも熱心、人生すべてに熱心。それを見て私たちは育ったから、「ゆっくり」なんて誰も考えない。みんな自立心が旺盛。

ミチコ 映画（『ゴッドマザー～コシノアヤコの生涯～』2025年公開）では、私たちもカメオ出演させてもらって。初めての経験やった。

ジュンコ いくつになっても新しい経験はできる。日本人は失敗や恥をかくことを恐れる人が多いけど、どんなことでもいいから、やっぱり1回は何かに挑戦したほうがいいと思う。失敗すればするほど前より成長できるんだから。

ミチコ 転んでもただでは起きひん。元取るでー！

ヒロコ でも、私たちの前向きさは日本人を超えて、もはや宇宙人じゃない？（笑）

ジュンコ お母ちゃんの言うてた「向こう岸、見ているだけでは渡れない」をそれぞれに実践してきた結果、今がある。

ヒロコ 「なるようにしかならへんわ」っていう身軽さと、絶対に揺るがない自分の軸と強い志が大事よね。

（2024年9月収録）

コシノヒロコ

大阪府生まれ。1957年、文化服装学院に入学。78年からローマ、パリなど世界各国でコレクションを発表。97年、毎日ファッション大賞受賞。2013年にKHギャラリー芦屋を開廊。18年、神戸ファッション美術館名誉館長に就任。21年、兵庫県立美術館で「コシノヒロコ展」を開催。

コシノジュンコ

大阪府生まれ。1959年、文化服装学院に入学。78年から22年間、パリ・コレクションに参加。ニューヨーク、北京、ベトナム、ポーランド、キューバなどでもショーを開催。国際的な文化交流に力を入れている。レジオン・ドヌール勲章シュヴァリエ、旭日中綬章を受章。文化功労者。

コシノミチコ

大阪府生まれ。1973年からロンドンを拠点に活動を始め、斬新なプロダクトを生み出す。そのコレクションは80年代ストリートカルチャーの象徴として、英国のヴィクトリア＆アルバート博物館に収められている。また世界で初めてブランドコンドームを発表し、エイズ撲滅運動に貢献。

撮影　下村一喜（カバー、P7、P15、P21、P63、P103）
装幀　中央公論新社デザイン室
構成　篠藤ゆり

写真提供　株式会社ヒロココシノ
JUNKO KOSHINO株式会社
株式会社ミチココシノジャパン

巻頭「三姉妹トーク」初出　『婦人公論』2023年10月号
（構成◎村瀬素子）

コシノ三姉妹《さんしまい》　向《む》こう岸《ぎし》、見《み》ているだけでは渡《わた》れない

2025年1月10日　初版発行

著　者　コシノヒロコ
　　　　コシノジュンコ
　　　　コシノミチコ

発行者　安部順一

発行所　中央公論新社
〒100-8152　東京都千代田区大手町1-7-1
電話　販売 03-5299-1730　編集 03-5299-1740
URL https://www.chuko.co.jp/

ＤＴＰ　嵐下英治
印　刷　共同印刷
製　本　小泉製本

Published by CHUOKORON-SHINSHA, INC.
Printed in Japan　ISBN978-4-12-005873-8 C0095